Assyrisches Relief aus der Zeit von Assurnassirpal II. (883–859), die künstliche Bestäubung der Dattelpalme darstellend. Ein Abguß dieses Reliefs ist in der Halle der Abteilung Genetik und Cytologie aufgestellt

DAS INSTITUT FÜR KULTURPFLANZENFORSCHUNG

DER DEUTSCHEN AKADEMIE DER WISSENSCHAFTEN ZU BERLIN
IN GATERSLEBEN KRS. ASCHERSLEBEN

AKADEMIE-VERLAG · BERLIN
1961

Erschienen im Akademie-Verlag GmbH, Berlin W 8, Leipziger Str. 3-4

Lizenz-Nr. 202 · 100/439/61

Kartengenehmigung: MdI der DDR Nr. 5989

Satz, Druck und Bindung: IV/2/14 · VEB Werkdruck Gräfenhainichen · 1475

Printed in Germany

Bestell-Nr. 5439

INHALTSÜBERSICHT

Vorwort 7

I. Zur Geschichte des Instituts 9

II. Zur Geschichte von Dorf und Burg Gatersleben . 17

III. Boden, Klima und Vegetation im Raum von Gatersleben 22

IV. Struktur und Verwaltung des Instituts 26

V. Abteilung Genetik und Cytologie 28

VI. Abteilung Systematik und Sortiment 36

VII. Abteilung Physikalische Physiologie 41

VIII. Abteilung Chemische Physiologie 45

IX. Abteilung Forstpflanzenforschung 52

Plan des gesamten Institutsgeländes (Plan 1)

Plan der Institutsanlagen (Plan 2)

VORWORT

Seit dem Jahre 1945 wurde das Institut für Kulturpflanzenforschung der Deutschen Akademie der Wissenschaften in Gatersleben zu einem Schwerpunkt biologischer Forschung von besonderer Eigenart entwickelt. In großangelegten selbständigen Abteilungen werden vornehmlich Probleme der botanischen Grundlagenforschung bearbeitet. Als Material für diese Untersuchungen dienen in erster Linie die wertvollen lebenden Sammlungen von Wild-, Primitiv- und Kultursippen unserer Nutzpflanzen, dazu die großen Mutationssortimente vom Gartenlöwenmaul, von Gerste, Sojabohne und Tomate. Für manche theoretischen Arbeiten muß das Objekt nach seiner besten Eignung, unabhängig von seinem unmittelbaren ökonomischen Nutzen für die Menschen gewählt werden.

Mit der Einrichtung der Abteilungen bzw. ihrer Erweiterung sind eine Fülle von Problemen verschiedener biologischer Disziplinen aufgegriffen worden, die in gut eingerichteten Laboratorien bearbeitet werden. Die Tatsache, daß alle wesentlichen Disziplinen der Botanik in Gatersleben vereint sind, gibt Anlaß zu großen Gemeinschaftsarbeiten zwischen verschiedenen Abteilungen, die zu einer Vertiefung der naturwissenschaftlichen Erkenntnis führen werden.

Je mehr das Institut im In- und Ausland bekannt wurde, desto größer wurde alljährlich die Zahl der Besucher, die durch die Laboratorien und Versuchsfelder geführt werden möchten. Meist sind diese Besuche zu kurz, um einen Einblick in alle Arbeitsrichtungen des Instituts zu gestatten. Diesen Besuchern wollen wir mit einem Führer durch das Institut für Kulturpflanzenforschung helfen, der sie zunächst mit der Geschichte des Instituts, dann des Dorfes und der Burg Gatersleben und schließlich mit Boden, Klima und Vegetation des Raumes Gatersleben bekannt macht. Weitere Kapitel belehren sie in großen Zügen über die Struktur und die Verwaltung des Instituts und behandeln die Forschungsthemen und ihre Bearbeiter in den wissenschaftlichen Abteilungen. Für den Fachmann wird die Kürze der Darstellung der wissenschaftlichen Probleme unbefriedigend sein; er sei auf „Die Kulturpflanze" verwiesen, die im Akademie-Verlag, Berlin, erscheint und alljährlich in einem Band mehr über die wissenschaftliche Arbeit der Abteilungen aussagt.

Wir hoffen jedoch, daß dem größten Teil unserer Besucher dieser kleine Band von Nutzen sein wird als Information über die Arbeit eines großen biologischen Forschungsinstituts der Deutschen Akademie der Wissenschaften zu Berlin und als Erinnerung an seinen Besuch im nun bald 1000jährigen Dorf Gatersleben, das eine alte geschichtliche Tradition heute mit neuen Mitteln zum Wohle der Menschheit fortsetzt.

I. ZUR GESCHICHTE DES INSTITUTS

Die Kaiser-Wilhelm-Gesellschaft zur Förderung der Wissenschaften in Berlin erwog schon vor Beginn des zweiten Weltkrieges den Plan, ein Institut für Kulturpflanzenforschung in den Kreis der Forschungsinstitute der Gesellschaft aufzunehmen. Zwei Gesichtspunkte ließen die Gründung eines solchen Institutes als notwendig erscheinen:

Die vorbildlichen Expeditionen, die unter Leitung von N. I. Vavilov von der Sowjetunion in die Mannigfaltigkeitszentren der Kulturpflanzen durchgeführt worden waren, hatten eine Fülle von theoretischen Problemen über die Abstammung, Entstehung und Wanderung der Kulturpflanzen aufgeworfen. Das auf diesen Reisen gesammelte lebende Material sollte dem Aufbau des bisher in seiner Größe und Vielfalt unerreichten Weltsortiments der Kulturpflanzen dienen, das im Leningrader Institut und seinen über das ganze Land verteilten Zweigstellen bearbeitet wurde. Damit wurde die Kulturpflanzenforschung auf eine neue Basis gestellt, die auch in Deutschland verbreitert und vertieft werden mußte. So geht die Gründung des Instituts für Kulturpflanzenforschung der Kaiser-Wilhelm-Gesellschaft maßgeblich auf Anregungen zurück, die durch die Arbeiten sowjetischer Forscher offenbar wurden.

Hinzu kamen noch weitere allgemeine Überlegungen, die vornehmlich von Fritz v. Wettstein, Senator der Kaiser-Wilhelm-Gesellschaft und Direktor des Kaiser-Wilhelm-Instituts für Biologie, schon bei den ersten Verhandlungen über die Gründung des neuen Instituts in den Mittelpunkt gestellt wurden. In Deutschland war die Kulturpflanzenforschung im Sinne der Systematik, der Ökologie, der Genetik, der Physiologie und Pathologie der Kulturpflanzen nur in einigen wichtigen Einzelfragen behandelt worden. Untersuchungen zur Geschichte und zur Systematik der Kulturpflanzen sind bei uns für immer mit dem Namen Elisabeth Schiemann verknüpft. Die Haltung großer Sortimente als Fundgrube wichtiger Erkenntnisse der Grundlagenforschung und als Reservoir züchterisch wertvollen Genmaterials wurde von Erwin Baur, Theodor Roemer und anderen stets gefordert. Durch mehrere große Expeditionen waren umfangreiche Sortimente von Wild- und Primitivformen nach Deutschland gekommen. Ihre Erhaltung und Bearbeitung stellte an die Universitätsinstitute größte Anforderungen in materieller Hinsicht. Die Sicherheit einer

Das frühere Gutshaus der Gaterslebener Domäne, in dem heute die Abteilung Forstpflanzenforschung und die Verwaltung des Instituts untergebracht sind

gründlichen und vielseitigen wissenschaftlichen Ausschöpfung der wertvollen Sammlungen konnte nur in einem Forschungsinstitut gewährleistet werden, das sich unabhängig von den Erfordernissen des Lehrbetriebes hauptamtlich allen Teilgebieten der Kulturpflanzenforschung im weiteren Sinne widmete. Von diesem neuen Zentrum sollte eine Befruchtung anderer Institute, vornehmlich der theoretischen und angewandten Botanik, der Pflanzenzüchtung, des Pflanzenbaues und der Phytopathologie erfolgen durch Bereitstellung botanisch und züchterisch wertvollen Ausgangsmaterials zur Vertiefung der Grundlagenforschung und zur sinnvollen Einkreuzung in hochgezüchtete Sippen von Kulturpflanzen, ohne die eine Steigerung der Produktion oft nicht mehr möglich erschien. Damit wurde in den Mittelpunkt des neu zu gründenden Instituts die planmäßige Durchführung von Sammelreisen gestellt, um die bereits vorhandenen Sammlungen zu erweitern.

Diese Grundidee des neuen Instituts konnte durch den Beginn des zweiten Weltkrieges nur langsam verwirklicht werden. Zwei Sammelreisen des Kaiser-Wilhelm-Instituts für Biologie unter Leitung von H. Stubbe nach Albanien, Griechenland und Kreta in den Jahren 1941 und 1942, eine dritte Sammelreise nach Südfrankreich und den Nordpyrenäen im Jahre 1944, die schon nach der Gründung des Instituts erfolgte, brachten einen größeren Zuwachs der schon in Deutschland vorhandenen, bisher auf mehrere Institute verteilten und allmählich im neuen Institut konzentrierten Sortimente.

Im Jahre 1942 begannen die ersten konkreten Verhandlungen über die Lage und die Einrichtungen des Instituts, das nach einem Vorschlag F. v. Wettsteins wegen der günstigen klimatischen Bedingungen im Raum von Wien gegründet werden sollte. Zum Direktor des Instituts wurde H. Stubbe, wissenschaftlicher Mitarbeiter am Kaiser-Wilhelm-Institut für Biologie, vorgesehen, der zum 1. 4. 1943 seine Berufung durch die Kaiser-Wilhelm-Gesellschaft erhielt. Der 1. 4. 1943 kann damit als Gründungstag des Instituts für Kulturpflanzenforschung angesehen werden.

Die sehr langwierigen Verhandlungen über den Standort des Instituts führten schließlich zu dem Ergebnis, das kleine Gut Tuttenhof, in Größe von etwa 50 ha, das bisher zum Stift Klosterneuburg gehört hatte, dem Institut als Versuchs- und Baugelände zur Verfügung zu stellen.

Als erste Unterkunft für die Arbeitsräume und Laboratorien wurde dem Institut das Forschungsinstitut der Wiener Akademie der Wissenschaften im Vivarium, Wien IV, Hauptallee 1, im Mietvertrag überlassen und für die Zwecke des Instituts eingerichtet. Bereits im Jahre 1943 begannen die Arbeiten in den Laboratorien und auf dem Versuchsgut Tuttenhof, wo Teile des Sortimentes angebaut und genetische Versuche durchgeführt wurden.

Im Plan des Instituts waren große selbständige Abteilungen vorgesehen, deren Leiter die Gewähr boten, zentrale Fragen der Kulturpflanzenforschung mit allen Mitteln moderner Methodik zu bearbeiten. Bis zum Ende des Krieges entwickelten sich folgende Abteilungen: Genetik, Cytologie, Systematik, Physiologie, Geschichte der Kulturpflanzen, Gartenbau.

Der Krieg brachte aber dem Institut durch schwere Bombenangriffe sowohl im Laboratoriumsgebäude wie auf dem Versuchsgut wiederholt große Schäden, unter denen die Aufbauarbeiten zu leiden hatten. Gegen Ende des Jahres 1944 mußte daher die Errichtung einer Ausweichstation erwogen werden. Sie konnte dank der großen Hilfsbereitschaft von Dr. G. Becker, dem damaligen Leiter des Forschungslaboratoriums der Gebr. Dippe A. G., im Raum von Quedlinburg am Ostrand des Harzes in dem Dorf Stecklenberg Anfang 1945 eingerichtet werden.

Das wertvolle Material des Instituts und seine Einrichtungen wurden von allen Besatzungsmächten – den Streitkräften der USA waren die Engländer und dann am 1. 7. 1945 die sowjetische Besatzungsmacht gefolgt – respektiert. In Stecklenberg konnten einige Morgen Land für den Anbau des Sortiments gepachtet werden, Dr. Becker stellte in Quedlinburg Versuchsland und Gewächshäuser in selbstloser Weise zur Verfügung. Das Schicksal des Instituts blieb in den ersten Monaten der Besatzung ungewiß. Dieser Raum als Zentrum der deutschen Saatzucht schien für die künftige Lage des Instituts besonders geeignet. Dank der eindeutigen Unterstützung der Sowjetischen Administration in Halle wurde dem Institut im Zuge der Bodenreform Ende 1945 die über 500 ha große Domäne Gatersleben im Kreise Quedlinburg als neue Arbeitsstätte übergeben. 1946 wurden auf Veranlassung der Deutschen Verwaltung für Volksbildung in Berlin (Präsident P. Wandel) das Institut und das Versuchsgut unter Beibehaltung des alten Namens an die Universität Halle-Wittenberg angegliedert, die allen Wünschen des Instituts in materieller und finanzieller Hinsicht großzügig entgegenkam. Die Verbindung zur Universität Halle wurde durch die Errichtung des Instituts für Genetik gefestigt, das von H. Stubbe in Personalunion mit dem Gaterslebener Institut geleitet wird.

Das ehemalige Gutshaus in Gatersleben bot die erste provisorische Unterkunft für alle Abteilungen, die mit großer Tatkraft den Aufbau des Instituts begannen, zunächst die Abteilung Genetik und Cytologie, die Abteilung Systematik und Sortiment sowie die technischen Abteilungen Gartenbau (jetzt Versuchsfeld und Zuchtgärten) und Landwirtschaft, dann seit Oktober 1948 die Abteilung Physikalische Physiologie, seit Oktober 1949 die Abteilung Chemische Physiologie und seit April 1952 die Abteilung Forstpflanzenforschung.

Im Jahre 1948 wurde die Kaiser-Wilhelm-Gesellschaft zur Förderung der Wissenschaften in der sowjetischen Besatzungszone Deutschlands aufgelöst. Bald nach der Wiedereröffnung der Deutschen Akademie der Wissenschaften zu Berlin als Nachfolgerin der Preußischen Akademie der Wissenschaften wurde das Institut in den Kreis der Forschungsinstitute der Akademie aufgenommen und schied damit aus dem Bereich der Universität Halle-Wittenberg aus. Lediglich die Verwaltung des Versuchsgutes blieb in der Betreuung der Versuchsgüter-Gemeinschaft der Universität Halle.

Mit der Eingliederung des Instituts in die Deutsche Akademie der Wissenschaften zu Berlin wurde die organisatorische und finanzielle Grundlage für eine großzügige Entwicklung des Instituts geschaffen.

Nachdem bis zum Jahre 1948 der Bau der für die Versuche dringend notwendigen Gewächshäuser und eines Wirtschaftsgebäudes mit technischen Arbeitsräumen, Eßräumen und Wohnungen für die ledigen Mitarbeiter im wesentlichen abgeschlossen war, konnte nun mit der Errichtung der Gebäude für die wissenschaftlichen Abteilungen begonnen werden.

In den Jahren 1949 und 1950 entstand das Gebäude der Abteilung für Physikalische Physiologie, an das 1952 noch ein eingeschossiges Gebäude zur Unterbringung von Spezialapparaten für Bestrahlungsversuche angebaut wurde. Im Jahre 1951 folgte die Errichtung des Gebäudes für die Abteilung Systematik und Sortiment. Es wurde in Kreuzform eingeschossig angelegt und enthält außer Arbeitsräumen zwei große Räume für die Sammlungen und für das Herbar. Das durch internationalen Tausch und durch mehrere Sammelreisen nach der Volksrepublik China stark vermehrte Samen- und Pflanzenmaterial, ferner die Erweiterung der Aufgabenstellung der Abteilung – es wurde seit 1955 mit dem Aufbau eines Zentralen Herbars der Akademie begonnen – machten einen Erweiterungsbau notwendig, der bis zum Frühjahr des Jahres 1961 fertiggestellt sein wird.

Ein mit mehreren Speziallaboratorien, Kühlräumen und besonderen Gewächshäusern ausgerüstetes Gebäude für die Abteilung Chemische Physiologie wurde 1951 errichtet. Es war die Voraussetzung für die Aufnahme großzügiger biochemischer Forschungsarbeiten.

Die Errichtung großer Gebäudekomplexe auf einem vorher nur als Acker genutzten Gelände erfordert umfangreiche Nebenanlagen, wie Straßen, Anlagen zur Energie- und Wasserversorgung, ein Entwässerungs-, ein Telefonnetz und anderes mehr. Der Bau dieser Anlagen war die Voraussetzung zur Errichtung des großen Gebäudes der Abteilung Genetik und Cytologie mit 10 Gewächshäusern und einer zentralen Heizungsanlage. Im Frühjahr 1956 konnte das Gebäude der Abteilung Genetik und Cytologie bezogen werden, das neben den genetischen und cytologischen Laboratorien auch einige kleinere chemische Laboratorien und ein modern eingerichtetes mikrobiologisches Laboratorium enthält.

Für die inzwischen stark angewachsenen Buchbestände der Bibliothek (20000 Einzelbände) reichten die Räumlichkeiten im alten Gutshaus bald nicht mehr aus. Ein den Anforderungen entsprechendes Gebäude mit Buchmagazinen und Lesesaal konnte 1957 gebaut werden. Die Bibliothek bezieht mehrere

Die Zeitschriften- und Buchauslage im Lesesaal der Bibliothek

hundert Fachzeitschriften des In- und Auslandes oder erwirbt sie im Tausch gegen die seit 1953 jährlich erscheinende Institutszeitschrift „Die Kulturpflanze". Die bauliche Entwicklung des Instituts, die in den vergangenen 10 Jahren durch die großzügige Bereitstellung erheblicher finanzieller Mittel große Fortschritte gemacht hat, ist noch nicht abgeschlossen. Gegenwärtig wird ein Isotopenlaboratorium errichtet, in dem Ende 1960 die Forschungsarbeiten aufgenommen werden.

Auch für die z. T. verstreut und provisorisch untergebrachten Werkstätten und Garagen des Instituts wurde ein Gebäudekomplex errichtet, der den Anforderungen eines modernen Forschungsinstituts entspricht.

Die fünf wissenschaftlichen Abteilungen des Instituts verfügen über ein Versuchsfeld von rund 100 ha Größe, das von der Abteilung Versuchsfeld und Zuchtgärten betreut wird. Ihr obliegt die Aussaat, Pflege und Ernte der z. T. sehr umfangreichen und unterschiedlichen Versuche.

Durch das starke Anwachsen der Zahl wissenschaftlicher und technischer Mitarbeiter des Instituts mußte während der Errichtung der Gebäude für die wissenschaftlichen Abteilungen auch dem Wohnungsbau und anderen sozialen Einrichtungen besondere Aufmerksamkeit geschenkt werden, da im Ort Gatersleben kein ausreichender Wohnraum vorhanden war. Insgesamt konnten

Blick in die Wohnsiedlung des Instituts. Im Hintergrund das Dorf Gaterleben

Ausschnitt aus dem Schaugarten des Instituts

bisher für 65 Familien in Einzelhäusern oder Wohnblöcken schöne, geräumige Wohnungen geschaffen werden.

Zur Verabreichung von warmen Mittagessen sind 2 Betriebsküchen mit entsprechenden Speiseräumen eingerichtet.

Unterkunftsräume, Wasch- und Duschanlagen stehen in den verschiedenen Abteilungen in ausreichendem Maße zur Verfügung. Konzerte im Institut, die Theater in Quedlinburg, Halberstadt und Dessau und das Harzer Bergtheater in Thale, Sportveranstaltungen und allgemein interessierende Vorträge sorgen für die kulturelle Betreuung der Mitarbeiter. Seit einigen Jahren steht den Mitarbeitern des Instituts ein eigener Omnibus zur Verfügung, der die Fahrten in die benachbarten Städte und zur Bezirkshauptstadt Halle erleichtert.

Neben der wissenschaftlichen Bibliothek besteht eine Betriebsbücherei, die allgemeinverständliche Literatur sowie Unterhaltungsliteratur enthält.

Für die fachliche Fortbildung der Mitarbeiter und für den wissenschaftlichen Austausch zwischen den Abteilungen werden interne Kolloquien der Wissenschaftler abgehalten sowie größere öffentliche Kolloquien durchgeführt, an denen jedes Mitglied der Belegschaft teilnehmen kann und zu denen Wissenschaftler und Studenten aus benachbarten Instituten, aber auch aus den Universitäten Halle, Leipzig und Jena, ferner Lehrer, Ärzte, Forstleute und andere Interessenten eingeladen werden. In diesen Kolloquien sprechen Wissenschaftler des Instituts, aus anderen Instituten der DDR und aus Instituten Westdeutschlands und dem Auslande über ihre speziellen Fachgebiete.

In dem institutseigenen Publikationsorgan „Die Kulturpflanze" werden Originalarbeiten der wissenschaftlichen Mitarbeiter veröffentlicht. Jeder Band enthält ferner einen Jahresbericht, in dem über die Forschungsarbeiten und die bauliche Entwicklung Rechenschaft gegeben wird

Biologie- und Landwirtschaftsstudenten der Universitäten der DDR haben während der Semesterferien die Möglichkeit, als Berufspraktikanten in den wissenschaftlichen Abteilungen zu arbeiten.

II. ZUR GESCHICHTE VON DORF UND BURG GATERSLEBEN

In wenigen Jahren feiert Gatersleben sein tausendjähriges Bestehen: im Jahre 964 schenkte Markgraf Gero dem Kloster Gernrode 3 Hufen „in antiquo Gatersleve". Wenn auch zwei weitere Gatersleben nachweisbar sind, so ist es doch nicht zweifelhaft, daß mit diesem Alt-Gatersleben unser Institutsdorf gemeint ist. Denn Gatersleben war damals neben Wegeleben das einzige Tor in der weiten Bruchlandschaft der Selke und Bode, das den Weg nach dem Osten öffnete. Die politische Zielsetzung des Markgrafen läßt es als sicher erscheinen, daß er dieses wichtige Tor fest in der Hand hielt. Die beiden anderen Gatersleben, eine Wüstung halbwegs nach Quedlinburg und Neu-Gattersleben bei Staßfurt, sind Tochtergründungen von Alt-Gatersleben.

Dorf und Burg Gatersleben sind natürlich älter, als der urkundliche Beleg ausweist. Wenn der Ort seinen Namenstag feiern wollte, so müßte man diesen 1000 Jahren noch etwa 700 Jahre zulegen. Denn die Ortsnamenforschung hat ermittelt, daß die „-leben"-Siedlungen auf eine germanische Völkerwelle aus Schleswig-Holstein zurückgehen, auf die Angeln und Warnen, die sich im 3. bis 4. Jahrhundert zwischen die bodenständigen Stämme Mitteldeutschlands schoben. Es fällt auf, daß diese Siedlungen die damals noch völlig versumpften Urstromtäler bevorzugten, offenbar, weil in ihnen die Landnahme reibungsloser möglich war als in den schon damals ziemlich dicht besiedelten älteren Kulturlandschaften. Die Namensform ihrer Dörfer haben sie aus ihrer alten Heimat mitgebracht; der Gleichklang mancher dieser Ortsnamen in Mitteldeutschland und Nordschleswig ist auffallend (Hedersleben-Hadersleben), wenn auch sprachgeschichtlich nicht immer stichhaltig. „-leben" (germ. bileban, griech. leipein) bedeutet „übrigbleiben", in diesem Zusammenhang „Erbe", „Bleibe". Der erste Teil des Ortsnamens bezeichnet regelmäßig einen Personennamen: den Sippenältesten oder Führer der Siedlerschar.

Wenn es somit einwandfrei feststeht, daß das heutige Gatersleben eine Gründung der Angeln und Warnen ist und seinen Namen im 3. bis 4. Jahrhundert erhalten hat, so bedeutet das noch nicht, daß wir schon bei den letzten Wurzeln der Gaterslebener Geschichte angelangt sind. Funde und Ausgrabungen in nächster Nähe des Dorfes, vor allem auf den nach Südwesten geneigten Hängen des Selketales und neuerdings besonders auf dem Gelände des Institutes im Selketal selbst haben ergeben, daß in der Gaterslebener Feldmark schon seit sehr alter Zeit Siedlungen gelegen haben. Von der Steinzeit bis in die geschichtliche Zeit hinein sind hier alle Stufen der Kultur- und Wirtschaftsentwicklung nachweisbar. Leider sind die Fundstücke heute über viele Museen unserer weiteren Heimat hin verstreut. Zahlreiche Funde aus Siedlungen der Band- und Schnurkeramiker der jüngeren Steinzeit, so benannt nach den Ornamenten ihrer Gefäße, wurden bei der Errichtung der Institutsanlagen gemacht (jetzt im Landesmuseum für Vorgeschichte in Halle); Proben davon sind in der Abteilung Genetik ausgestellt. Das bemerkenswerteste Stück aus der Bronzezeit ist eine der sonst seltenen Tontrommeln, die neben den nordischen Luren das älteste germanische Musikinstrument waren; es liegt im Museum in Quedlinburg.

Die Angeln und Warnen setzten ihre Höfe auf die Inseln in der Talaue und bauten eine dieser Inseln zur Volksburg aus, in die sie in Kriegszeiten sich und ihre Habe bargen. Diese uralte Fluchtburg besteht noch heute und schließt als „Unterhof" das Versuchsgut des Institutes ein. Die nach außen lückenlosen Scheunen und Ställe, die im Halbkreis den Hof umgeben, stehen sicherlich auf den Fundamenten der alten Speicher, die einstmals auf dem Inselrand die Burg nach außen abschirmten. Ein undurchdringlicher Sumpfwaldstreifen, ein Hagen, hegte diese Volksburg ein; an ihn erinnert noch heute die Ortsbezeichnung „Der Hahn" unmittelbar neben der Burg. Einen weiteren Schutz bildeten Palisaden, deren Eichenstämme 1924 bei Bauarbeiten gefunden wurden.

Die Angeln und Warnen verschmolzen schnell mit den anderen Germanen der Selkelandschaft, die damals ein Teil des Thüringer Reiches war. Dieses Reich, das eine hohe Kultur, aber eine geringe Wehrkraft besaß, wurde 551 n. d. Z. von den Franken im Bunde mit den Sachsen zerschlagen und unter den Siegern geteilt; damals wurde das Ostharzgebiet sächsisch. Die in den nächsten Jahrzehnten folgenden Begebenheiten bilden ein tragisches Kapitel der Heimatgeschichte. Denn die bisher verbündeten Franken und Sachsen veruneinigten sich bald, und es brach ein neuer Krieg aus, der die Grenzgebiete nicht zur Ruhe kommen ließ. So nimmt es nicht wunder, daß die Menschen am Ostharz nach einer friedvolleren Heimat suchten. Als 568 n. d. Z. die Langobarden die alte Heerstraße von Halberstadt über Ditfurt und Hoym südwärts nach Italien zogen, schlossen sich ihnen viele Sachsen aus dem überbevölkerten Raum zwischen Selke, Harz und Wipper an, unter ihnen sicherlich auch mancher Gaterslebener. In ihre Wohnsitze rückten, gleichfalls von Norden kommend, Sueben (Schwaben) ein. Aber den Sachsen gefiel es nicht in Italien: sie wollten unter eigenem, nicht unter langobardischem Recht leben. So kehrten sie nach wenigen Jahren zurück und forderten von den Sueben die alte Heimat. Diese waren zu großen Zugeständnissen bereit, aber die Verhandlungen zerschlugen sich. Es kam zu erbitterten Kämpfen, in denen die Sachsen fast vernichtet wurden. Seitdem führt unsere Selkelandschaft den Namen Schwabengau.

Der Pallas der ehemaligen Burg Gatersleben

In das volle Licht der Geschichte tritt Gatersleben erst im 12. Jahrhundert, als die Bischöfe von Halberstadt sich des wichtigen Selkeüberganges bemächtigten. Zu seinem Schutz setzten sie eine umfangreiche Wehranlage aus Stein unmittelbar neben die alte Inselburg, die dadurch zur Vorburg wurde. Ein quadratischer Raum, der durch Aufschüttung erhöhte heutige „Oberhof" wurde mit einer hohen Mauer umgeben, durch Ecktürme gesichert und durch eine Zugbrücke mit der Vorburg verbunden. Das ganze Befestigungssystem wurde durch einen doppelten Wassergraben umschlossen, dessen Spuren man noch heute in Teichen und Senken erkennt. Die Mauern und Ecktürme sind verschwunden, aber unverändert durch die Jahrhunderte hindurch reckt sich noch heute der gewaltige Quader des Pallas, des Hauptgebäudes der Burg, 19 Meter hoch empor, in dessen oberen Räumen der Bischof alljährlich die Synode für den südlichen Teil seines Sprengels abhielt; frühgotische Fensterbögen und Säulen im Pallas erinnern noch an diese große Zeit Gaterslebens. Der hohe Pallas wird jetzt meist als Burgturm bezeichnet; dieser selbst ist aber längst verschwunden, er stand im nordöstlichen Teil des „Oberhofes". Eine großzügige Planung und ein starker Machtwille spricht aus dieser Wehranlage, von der aus jahrhundertelang bischöfliche Vasallen und Vögte und preußische Amtsräte die Landschaft beherrschten. Im übrigen hat die Burg ihre Wehrkraft nicht zu beweisen brauchen; es genügte offenbar schon ihr Dasein, um den Frieden der Landschaft zu sichern. Nur einmal wurde sie belagert, als der von einem Kreuzzug heimkehrende Bischof Ulrich die Burg einem ungetreuen Vasallen wieder entriß.

Noch in anderer Hinsicht griff das Bistum von Halberstadt tief in das Leben Gaterslebens ein. Zum Schutze seiner Südflanke gegen die Askanier wurde im 15. Jahrhundert das große Bruch zwischen Gatersleben und Aschersleben durch Ableitung der Selke in einen See verwandelt. Der Hauptzweck war, die Gräben der Burg Gatersleben und der verbündeten Stadt Aschersleben hoch mit Wasser anzufüllen. Gatersleben wurde damals durch einen Damm gegen den See abgeschirmt. Es wurde damit ein Fischerdorf; die kleinen Häuschen der Fischer stehen heute noch unweit der Burg. 250 Jahre lang lag nun eine riesige Wasserfläche mit Inselhorsten, einem breiten Schilfrand und, wie zeitgenössische Berichte erzählen, unermeßlichen Wolken von Wasservögeln aller Art unmittelbar vor dem Ort. Wenn nicht die Volksernährung vor allen anderen Gesichtspunkten den Vorrang hätte, müßte man es bedauern, daß dieser unschätzbare Schmuck der Heimatlandschaft nicht mehr besteht.

Im Zuge ihrer großen Innenkolonisation ließen die Nachfolger der Halberstädter Bischöfe, die preußischen Könige, in der ersten Hälfte des 18. Jahrhunderts den See trockenlegen; mehr als 2500 ha hochwertiges Acker- und Wiesenland wurden dadurch gewonnen. Der Amtmann auf Burg Gatersleben erhielt Befehl, am Rande des ehemaligen Sees jedes Jahr eine Anzahl von Kolonisten mit längerer Abgabefreiheit anzusetzen, denen ein Anteil am Seeland zugewiesen wurde. Es waren meist Handwerker, vor allem Weber. Auf dem früheren Damm, dem heutigen Ober- und Unterdamm, entstand damals die eigenartige Häuserzeile mit ihren der Straße zugekehrten Giebeln. Noch vor hundert Jahren haben hier Haus bei Haus die Webstühle geklappert.

Das 19. Jahrhundert brachte mit der Gewerbefreiheit neben schweren Krisen einen wirtschaftlichen Aufschwung des Dorfes und ein Anwachsen der Bevölkerung bis auf 2400 Köpfe. Im Jahre 1846 wurde die Zuckerfabrik gegründet; sie ist eine der ältesten in Deutschland. Die Dampfpflugfabrik (heute „VEB Baumaschinen") folgte; zu ihrer Gründung gab kein Geringerer als Max Eyth den Anstoß. Ihre Pflüge gingen in die ganze Welt. Daß dieses Jahrhundert in Gatersleben wie überall auch schwere soziale und kulturelle Verheerungen anrichtete, bedarf kaum der Erwähnung. Ihr äußerer Ausdruck sind die überaus häßlichen Bauten dieser Zeit, an denen es auch in Gatersleben nicht fehlt.

Das ist in großen Zügen die Geschichte des Bodens, auf dem das Institut für Kulturpflanzenforschung seine Arbeit aufgenommen hat. Seine Forschungsstätten, seine Äcker und Zuchtgärten setzen eine anderthalbtausendjährige Kulturarbeit in neuen Formen fort. Fast unberührt vom großen Strom des geschichtlichen Lebens und allen Rückschlägen zum Trotz ist hier ein großes Werk vollbracht worden: die Umwandlung einer Wildnis in hochwertiges Kulturland. Nicht kriegerische Taten und glänzende Namen, sondern die zähe, friedliche und erfolgreiche Arbeit ungezählter Generationen bilden den Ruhm Gaterslebens. So war es, und so soll es bleiben.

III. BODEN, KLIMA UND VEGETATION IM RAUM VON GATERSLEBEN

Gatersleben gehört zum Kreis Aschersleben im Bezirk Halle. Die Einwohner, rund 3600, sind, außer einer geringen Zahl von Bauern, überwiegend in der Zuckerfabrik, der Baumaschinenfabrik und der großen Braunkohlengrube des Dorfes Nachterstedt tätig.

Verkehrsverbindungen sind gegeben durch die Lage an der Bahnlinie Halberstadt–Halle (Saale) zwischen Halberstadt und Aschersleben (Eilzüge halten nicht) und durch Omnibus nach Quedlinburg.

Die nächstgelegenen Städte sind Quedlinburg (12 km) im Südwesten, Halberstadt (18 km) im Nordwesten und Aschersleben (15 km) im Südosten; Ballenstedt (12 km) im Südsüdwesten ist relativ schwierig zu erreichen (vgl. Karte 1).

Die folgende kurze geologische Schilderung und die knappen klimatischen

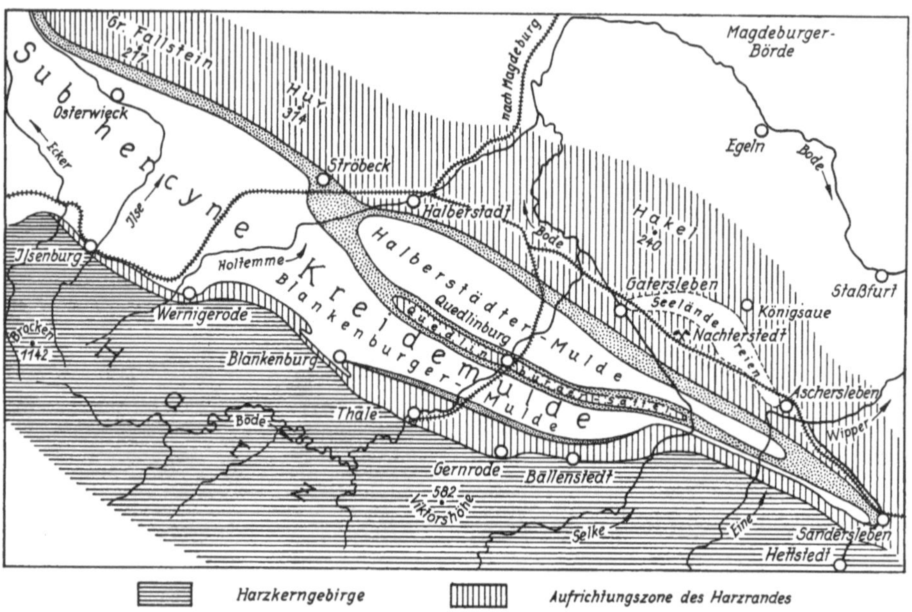

Lageskizze von Gatersleben

und pflanzengeographischen Bemerkungen sollen in das Verständnis des Raumes um Gatersleben einführen.

Bei der Emporhebung des Harzes wurden die an seinen Nordrand anschließenden, aus Meeresablagerungen des Erdmittelalters (Trias, Jura, Kreide) bestehenden Gesteinsschichten wellenartig gefaltet. Ausdruck dieser Faltung sind die ungefähr parallel zum Harzrand verlaufende Subherzyne Kreidemulde, die einem Wellental entspricht, und der sie nach Nordosten begrenzende Hauptsattel als Wellenberg mit dem Großen Fallstein, dem Huy und dem Hakel. Im östlichen, zum nordöstlichen Harzvorland gerechneten Abschnitt der Subherzynen Kreidemulde (benannt nach der den Muldenkern bildenden, jüngsten Formation) wird diese in die südliche Blankenburger und die nördliche Halberstädter Spezialmulde durch den Quedlinburger Sattel getrennt. Er ist ein zusätzlicher, zwischen den Harzrand und den Hauptsattel eingeschobener Wellenberg und verläuft von Ströbeck über Quedlinburg bis südlich von Aschersleben. Dank der Widerstandsfähigkeit der Gesteine der Sattelkerne sind diese in dem hier zu betrachtenden kleinen Abschnitt östlich der Bode als Bergrücken, die Mulden dagegen als flache Becken erhalten geblieben. So gestaltet sich die Geologie dieses Teiles des nordöstlichen Harzvorlandes in groben Zügen ziemlich übersichtlich.

Nördlich des die Halberstädter Mulde im Norden bzw. Nordosten begrenzenden Hakelsattels bildet das versumpfte Bodetal die Grenzzone gegen die Magdeburger Börde, einen südlichen Ausläufer des norddeutschen Flachlandes. Die deutlich erkennbare Landschwelle südlich der Börde stellt den Anfang der deutschen Mittelgebirgsschwelle dar.

Am Südrand des Hakelsattels liegt das Dorf Gatersleben dort, wo das breite Tal der Seeländereien sich mit dem der Selke vereinigt, etwa 111,5 m ü. M.

Die Landschaft in diesem Gebiet zwischen Eine und Bode entspricht dem Übergang von der Lebhaftigkeit der Subherzynen Kreidemulde in der Quedlinburger Umgebung zu der Großzügigkeit und Weite der fruchtbaren, waldlosen Kultursteppe der Börde.

Im weitaus größten Teil des Gebietes sind die älteren Schichten von mächtigem Glazialdiluvium, Löß und oft auch Geschiebemergel oder in Talrinnen von Abtragungsprodukten der Nachbarböden bedeckt. Die etwa 3 bis 4 km breite, größtenteils bewaldete Hakelhochfläche besteht aus unterem Muschelkalk (Wellenkalk). Nur in der Umgebung der Domburg, der höchsten Erhebung des Hakels (240 m), im Wassertal und an den Steilhängen des Wassergrundes tritt der als Sattelkern darunter liegende Röt zutage. Die Hakelhochfläche wird durch eine kilometerbreite Talsenke (meist diluvial überlagerter mittlerer Muschelkalk) von einem wallartigen, hufeisenförmigen, kahlen Höhenzuge aus oberem Muschelkalk getrennt. Die sich nach Südwesten an diesen anschließende weite Ebene, die von den großen Flußtälern der Selke und Bode durchschnitten wird, ist aus den überwiegend weichen, tonigen Ablagerungen des Keupers aufgebaut.

Unter alluvialer und diluvialer Bedeckung erfüllen ausgedehnte und mächtige Ablagerungen der mitteldeutschen älteren Braunkohlenformation in typischen kleinen, aber tiefen Becken große Teile der Seeländereien sowie im Gebiet zwischen Aschersleben und Königsaue deren nördliche Randgebiete. Vor allem enthalten die Spezialbecken von Königsaue und Nachterstedt-Frose abbauwürdige Kohle, die im Tagebau in ausgedehntem Maße gewonnen wird.

Interglazial wurden durch die Harzflüsse zwei Schotterterrassen gebildet. Die jüngere (möglicherweise sogar postglaziale) bildet die heutigen, von Auelehm bedeckten Flußauen, in die die rezenten Flußläufe nur wenig eingeschnitten sind. Die ältere, von dieser deutlich abgesetzte, höher gelegene Terrassenfläche ist vor allem zwischen Friedrichsaue, Gatersleben bis Hedersleben längs der Seeländereien und der Selke gut entwickelt. Über die ältere Interglazialterrasse lagerte sich jüngeres Glazialdiluvium fast ausschließlich als Geschiebemergel. Diese Ablagerungen wurden so weit abgetragen, daß sie keine zusammenhängende Decke mehr bilden und der Löß, der Vertreter der jüngsten Vereisung, oft unmittelbar den älteren Schichten aufliegt. Dieser Löß überzieht in einer meist unter 2 m bleibenden Mächtigkeit fast die ganze Gegend. Lößfrei sind nur die höchsten Erhebungen der Hakelhochfläche und große Teile des diese umrahmenden Oberen Muschelkalkrückens sowie die steilen Flanken der größeren und kleineren Täler. Auf der Hakelhochfläche finden sich Übergänge von geschlossener Lößdecke bis zum dünnen Lößschleier und vollständigen Verschwinden des Lößes. Mit seiner oberflächlichen Entkalkung ging wahrscheinlich gleichzeitig im ganzen Gebiet eine Humifikation einher, die in der Schwarzerde ihr Ergebnis hatte. Die große Fruchtbarkeit des Lößbodens wurde hierdurch noch gesteigert. Die Schwarzerde überzieht dem Löß entsprechend, mit Ausnahme der Hakelhochfläche, ebenfalls das ganze Gelände und fehlt nur dort, wo sie abgeschlämmt wurde. Hier ist der oberflächliche Löß kalkhaltig. Alluvial sind die Aufschüttungen in den Seeländereien, den Talauen der Selke und Bode, sowie in den größeren Talrinnen des Hakelsattels. Sie bestehen fast stets aus umgelagerter, oft kalkhaltiger Schwarzerde und erreichen zuweilen über 2 m Mächtigkeit.

Das Klima von Gatersleben ist im wesentlichen gekennzeichnet durch die geringen jährlichen Niederschlagshöhen, die wenig über 500 mm liegen. Allerdings sind die Schwankungen von Jahr zu Jahr nicht unerheblich (etwa 320 bis 740 bei einem Durchschnitt von 505 mm); besonders differieren die Extremwerte in den Monaten Juli und August. Die insgesamt spärlichen Niederschläge fallen während der Vegetationsperiode oft in Starkregen. So werden in kürzester Zeit für Lößgebiete typische, tiefe Erosionsrinnen mit senkrechten Wänden in die unbefestigten Feldwege in Hanglagen gerissen. Das nicht tief eindringende Platzregenwasser macht den Boden oberflächlich so schmierig, daß man Mühe hat, sich fortzubewegen. Die mittlere wirkliche Temperatur beträgt im Januar 0 bis 1° C, im Juli 17 bis 18° C, in der Vegetationsperiode (Mai bis Juli) 15 bis 16° C. Das mittlere Datum des letzten Frostes liegt vor dem 21. 4. und das des ersten wenig nach dem 21. 10. Die 220-Tage-Linie für die Temperatur von mindestens 5°C verläuft um den Hakelsattel. Das Gebiet südlich des Hakelsattels hat nur 150 bis 160 Tage von mindestens 10°C. Die durchschnittliche Luftfeuchtigkeit liegt zwischen 75 und 80%. Auch über die Nebel- und Schneetage sowie die Sonnenscheindauer fehlen noch langjährige Messungen. Die mittlere Windrichtung der vergangenen sieben Jahre ist West bis Nordwest. Starke Frühjahrs- und Herbststürme sind nicht selten. So ist die Winderosion durch riesige Staubwolken hochgewirbelten Lößes in dieser Landschaft oft augenfällig.

In pflanzengeographisch-phytozönologischer Hinsicht liegt die Umgebung Gaterslebens noch im Raum des in den deutschen Mittelgebirgen weit nach Westen vordringenden kontinentalen Eichenmischwaldes, an den sich weiter im Westen Buchenwälder anschließen. Der Hakel repräsentiert einen der wenigen und sehr charakteristischen Reliktwälder am Nordwestrand des fast waldlosen „mitteldeutschen Trockengebietes". In dem Eichenmischwald fallen neben dem starken Zurücktreten der Buche besonders zahlreiche Winterlinden, Elsbeeren, Wildkirschen, -birnen und -äpfel als Holzarten auf. Lichte Stellen sind oft weithin dicht mit Diptam besiedelt, und auch *Lithospermum purpureo-coeruleum, L. officinale, Asperula tinctoria, Inula salicina* u. ä. sind nicht selten. Besonders bemerkenswert ist aber das sehr reichliche Vorkommen von *Melica picta*. Sie bildet hier an ihrer Nordgrenze ausgedehnte Bestände. Das stark kontinentale Gepräge der Vegetation als Ausdruck des Klimas im mitteldeutschen Trockengebiet offenbart sich in der Umgebung Gaterslebens aber nicht nur in den Gesellschaften des Hakelwaldes, sondern wird auch in den Unkraut- und Trockenrasengesellschaften deutlich.

Zahlreiche durch das nordöstliche Harzvorland verlaufende Arealgrenzen einzelner Arten charakterisieren die pflanzengeographische Lage dieses Gebietes.

IV. STRUKTUR UND VERWALTUNG DES INSTITUTS

Das Institut umfaßt gegenwärtig fünf wissenschaftliche Abteilungen und drei technische Abteilungen sowie eine Verwaltungsabteilung, der eine ganze Reihe für den allgemeinen Institutsbetrieb notwendige Kräfte unterstellt sind. Die fünf wissenschaftlichen Abteilungen sind folgende:

1. Abteilung Genetik und Cytologie (vgl. Plan 2, Nr. 1) unter Leitung des Direktors des Instituts Prof. Dr. Dr. h. c. Hans Stubbe
2. Abteilung Systematik und Sortiment (vgl. Plan 2, Nr. 3) unter Leitung des Direktors am Institut Prof. Dr. Rudolf Mansfeld †
3. Abteilung Physikalische Physiologie (vgl. Plan 2, Nr. 4) unter kommissarischer Leitung von Dr. Herta Sagromsky
4. Abteilung Chemische Physiologie (vgl. Plan 2, Nr. 5) unter kommissarischer Leitung von Prof. Dr. Alfred Rieth
5. Abteilung Forstpflanzenforschung (vgl. Plan 2, Nr. 10a) unter der forstlichen Leitung von Oberforstmeister Kurt Wuttky.

Den wissenschaftlichen Abteilungen steht für die Anzucht der Versuchspflanzen, für die gärtnerische Betreuung der Freilandversuche sowie für die Pflege der Zieranlagen und nicht zuletzt für die Durchführung der erforderlichen Transporte innerhalb und außerhalb des Instituts die Abteilung Versuchsfeld und Zuchtgärten unter Leitung des Gartenbauinspektors Felix Gasser zur Seite.

Die zweite technische Abteilung ist die Abteilung Betriebswerkstätten, die in erster Linie die Hauptinstandsetzungen und die laufenden Instandhaltungsarbeiten an den Gebäuden, der gesamten technischen Einrichtung und sonstigen Geräten durchzuführen hat. Für die Überwachung und Organisierung der gesamten Arbeiten sind ein Betriebsingenieur, ein Bauingenieur und ein Werkstattleiter eingesetzt, die dem Verwaltungsleiter Otto Dümichen unterstehen.

Die Ausgangsbasis für die Einrichtung des Instituts bildete die ehemalige Domäne Gatersleben, die 1945 in Volkseigentum überführt wurde und jetzt als

Das Gebäude der Abt. Genetik und Cytologie

Abteilung Landwirtschaft arbeitet. Sie wird von der Deutschen Akademie der Landwirtschaftswissenschaften betreut. Neben Bereitstellung von Dünger jeder Art und Versuchsflächen hat diese Abteilung vorwiegend produktive Aufgaben; sie steht unter der Leitung des staatlich geprüften Landwirts Gerhard Jacobi.

V. ABTEILUNG GENETIK UND CYTOLOGIE

Leiter: Direktor des Instituts Prof. Dr. Dr. h. c. Hans Stubbe.

Wissenschaftliche Mitarbeiter: Dr. habil. Helmut Böhme, Dipl.-Biol. Peter Döbel, Dipl.-Ing. Igor Grebenščikov, Dr. Kurt Gröber, Dr. Rudolf Hagemann, Dipl.-Biol. Margot Mates, Dr. Friedrich Mechelke, Dipl.-Landw. Andreas Müller, Dipl.-Landw. Reinhard Panitz, Dr. Fritz Pohl, Dr. Riegomar Rieger, Dr. Friedrich Scholz, Dipl.-Biol. Jörg Schöneich, Dr. Martin Zacharias.

Als Angehörige des Instituts für Genetik der Martin-Luther-Universität Halle-Wittenberg arbeiten in der Abteilung:
Dr. Arnd Michaelis und Dipl.-Biol. Walter Baudisch.

Die Arbeiten der Abteilung Genetik und Cytologie konzentrieren sich auf folgende Gebiete genetischer Forschung:

1. Theoretische Mutationsforschung
2. Angewandte Mutationsforschung
3. Genetisch-systematische und evolutionsgenetische Untersuchungen an Kulturpflanzen u. a. Objekten
4. Entwicklungsphysiologisch-genetische, biochemisch-genetische und cytogenetische Untersuchungen an Mutanten
5. Untersuchungen über Chromosomenstruktur und Genphysiologie.

1. Theoretische Mutationsforschung

Ziel der Arbeiten auf dem Gebiet der theoretischen Mutationsforschung ist die Aufklärung der Ursachen der Mutabilität. Nachdem schon vor längeren Jahren bei *Antirrhinum majus* nachgewiesen wurde, daß physiologische Faktoren, wie Mangelernährung, Alter des Pollens oder Samens die Genmutabilität beeinflussen, wird nun die Wirkung einer Überernährung der Pflanzen auf die Mutationsrate untersucht. Der Einfluß von Eiweiß-Stoffwechsel-Abbauprodukten auf die Entstehung von Mutationen soll ebenfalls bei diesem Objekt geprüft werden (Stubbe).

Die Pferdebohne, *Vicia faba*, eignet sich wegen der günstigen cytologischen Beobachtungsmöglichkeiten ihrer Chromosomen ($2n = 12$) besonders gut zu Studien über die Entstehungsursachen spontaner Chromosomenaberrationen. So werden bei diesem Objekt Untersuchungen über den Wirkungsmodus der radiomimetischen Stoffwechselprodukte Acetaldehyd und Äthylalkohol unter Verwendung von Stoffwechselinhibitoren durchgeführt. Weiterhin sollen durch vergleichende Untersuchungen über die Verteilung induzierter Chromosomenaberrationen durch ionisierende Strahlen, Radiomimetica und hohen Sauerstoffdruck über den Chromosomensatz von *Vicia faba* und anderen Objekten eventuelle spezifische Wirkungen der verschiedenen mutagenen Faktoren ermittelt werden. Im Zusammenhang mit dem Problem der indirekten Wirkung ionisierender Strahlung auf die Entstehung von Chromosomenaberrationen werden Untersuchungen über die Bedeutung freier Radikale des Wassers durchgeführt (Rieger, Michaelis). An der Crucifere *Arabidopsis thaliana* werden gleichfalls Fragestellungen der theoretischen Mutationsforschung bearbeitet (Müller).

Seit einigen Jahren wurden im mikrobiologischen Laboratorium der Abteilung genetische Untersuchungen mit Bakterien und Phagen aufgenommen. Sie betreffen Studien zur Mutabilität des Streptomycin-Locus von *Proteus mirabilis* durch Induktion von Streptomycin-unabhängigen Mutanten in

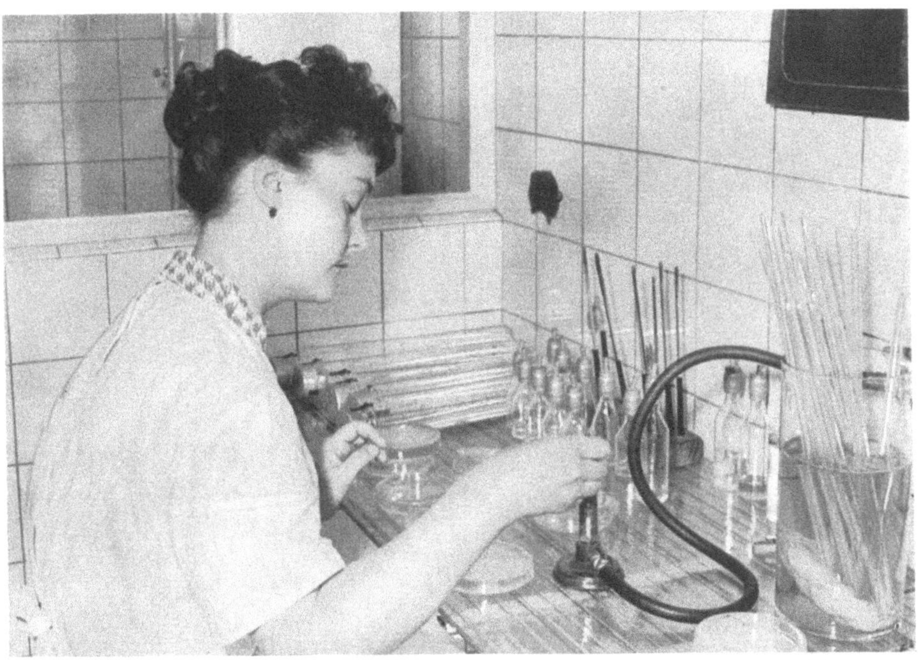

Im Impfraum des mikrobiologischen Laboratoriums (Abt. Genetik u. Cytologie)

Streptomycin-abhängigen Stämmen mit Hilfe von Manganchlorid, UV-Bestrahlung und alkylierenden Agentien. Die so erhaltenen Mutanten werden auf eine Spezifität in der Wirkung der verwendeten Mutagene und auf die genetische Natur der Reversion (Rückmutation oder Suppressor-Wirkung) geprüft. Ferner wird der Einfluß des Stoffwechselaustausches der Bakterienzelle auf die Mutagenität einiger mutagener Agentien untersucht (Böhme, Mates).

2. Angewandte Mutationsforschung

Die angewandte Mutationsforschung an Kulturpflanzen mit dem Ziel, züchterisch wertvolle Mutanten, vornehmlich nach Röntgenbestrahlung, zu erhalten, nimmt in der Abteilung einen breiten Raum ein.

Aus einigen Sorten der Kulturtomate *Lycopersicon esculentum* konnten in den letzten Jahren umfangreiche Sortimente von morphologischen und physiologischen Mutanten erzeugt werden. An einer Reihe züchterisch wertvoller

Im Gersten-Mutanten-Sortiment (Abt. Genetik u. Cytologie)

Mutanten werden Leistungsprüfungen durchgeführt. Als praktisch wichtiges Zuchtziel wird an dem Problem der Frühreife unter gleichzeitiger Erhaltung eines hohen Ertrages und einer gleichmäßigen und guten Fruchtsortierung gearbeitet. Eine große Zahl frühreifer Mutanten wurde mit frühreifen Sorten gekreuzt. Die aus den Kreuzungsnachkommenschaften selektionierten frühreifen Pflanzen werden auf ihre Ertragsfähigkeit geprüft (Stubbe).

Die auch bei der Wildtomate *Lycopersicon pimpinellifolium* in großer Zahl erzeugten Mutanten sind insofern von praktischem Wert, als durch Zusammenarbeit mit Dr. Schreiber von der Forschungsstelle für Kartoffelkäferbekämpfung der DAdL festgestellt werden konnte, daß in einer Reihe von Mutanten dieser Wildtomate der Tomatingehalt über 100% gegenüber der Kontrolle gesteigert ist. Die Pflanzen würden ein bevorzugtes Ausgangsmaterial für die Gewinnung des für die pharmazeutische Industrie bedeutungsvollen Alkaloides darstellen (Stubbe).

Nach Bestrahlung mehrerer Spitzensorten von Sommer- und Wintergersten mit Röntgenstrahlen sind im Verlaufe mehrerer Jahre etwa 800 Mu-

Züchterisch wertvolle Mutanten.
Links: Korn der bespelzten Gerstensorte 'Haisa': rechts: Korn einer daraus durch Röntgenbestrahlung entstandenen nacktkörnigen Mutante (Abt. Genetik u. Cytologie)

tanten ausgelesen worden, von denen eine Anzahl züchterisch sehr wertvolle Merkmale aufweist (Standfestigkeit, Glattgrannigkeit, Nacktkörnigkeit, Mehltauresistenz u. a.). Mehrjährige Ertragsprüfungen dieser Mutanten führten zu sehr zufriedenstellenden Ergebnissen. Danach sind die *erectoides*-Mutanten, besonders nach höheren Stickstoffgaben, den Ausgangssorten überlegen. Ebenso werden die nacktkörnigen, glattgrannigen und mehltauresistenten Mutanten zu neuen ertragreichen Sorten entwickelt. Mit Hilfe der seit einigen Jahren in großem Umfange durchgeführten Rohprotein-Serienanalysen an X_2-Pflanzen und deren Nachkommenschaften, ist es bei Sommergerste gelungen, Stämme zu selektionieren, deren Eiweißgehalt in drei aufeinanderfolgenden Jahren deutlich höher (3%) als bei den Ausgangssorten lag. Die Anwendung stark mutagener Agentien, wie Methansulfonsäureäthylester, soll eine weitere Erhöhung der Mutationsrate bewirken (Scholz).

Ein weiteres Objekt, das in den Bereich der angewandten Mutationsforschung einbezogen wurde, ist die Sojabohne. Diese in Deutschland noch nicht anbauwürdige Kulturpflanze soll wegen ihres hohen Eiweißgehaltes und der hohen biologischen Wertigkeit des Eiweißes für die deutsche Landwirtschaft nutzbar gemacht werden. In dem aus etwa 400 Formen bestehenden Mutantensortiment haben sich einige frühreife und ertragreiche Mutanten als züchterisch sehr wertvoll erwiesen. Ferner werden Mutanten, die unter niedrigen Temperaturen zu keimen vermögen, nach Frühaussaat auf ihre Ertragsfähigkeit geprüft. Zur Durchführung umfangreicher Mutanten- und Mutanten-Sorten-Kombinationen wird die sehr schwierige Kreuzungstechnik erarbeitet. Auf die Selektion virusresistenter Mutanten wird besonderer Wert gelegt (Zacharias).

Die Versuche zur Erzeugung somatischer Mutationen bei Obst haben nach Okulation mehrerer tausend „Augen" in das Kronengerüst 8- bis 9jähriger Apfelbäume ('Weißer Klarapfel', 'James Grieve', 'Ontario' und 'Gravensteiner') zu einer beträchtlichen Anzahl von Variationen in der Reifezeit, der Fruchtform und -farbe, der Stiel- und Kelchgrube und der Fruchtgröße geführt. Die Erzeugung rotgestreifter Früchte beim 'Weißen Klarapfel' – ein lang gesuchtes und wirtschaftlich wertvolles Merkmal – konnte mit Sicherheit als somatische Mutation erkannt werden. Andere Veränderungen müssen erst durch weitere Untersuchungen gesichert werden (Gröber).

3. Genetisch-systematische und evolutionsgenetische Untersuchungen an Kulturpflanzen und anderen Objekten

Die in der Abteilung vorhandenen großen Mutantensortimente der Kulturtomate, von Sommer- und Wintergerste und der Sojabohne sind für genetisch-systematische Untersuchungen denkbar günstig geeignet, da das Institut ebenfalls große Sortimente der natürlichen Formenmannigfaltigkeit dieser

Züchterisch wertvolle Mutanten. Oben: Ausgangssorte 'Weißer Klarapfel'; Mitte u. unten: rotgestreifte Früchte einer daraus entstandenen röntgeninduzierten Sproßmutante (Abt. Genetik u. Cytologie)

Kulturpflanzen besitzt. In Zusammenarbeit mit der Abteilung Systematik und Sortiment werden die künstlich erzeugten Mutanten mit der natürlichen Formenmannigfaltigkeit verglichen und, soweit möglich, wird auch ihre genetische Identität ermittelt (Stubbe, Scholz, Zacharias, Lehmann).

Evolutionsgenetische Probleme werden mit verschiedenen Wildformen von Kulturpflanzen untersucht. Dazu werden Mutationsversuche mit *Hordeum agriocrithon, Hordeum spontaneum* und *Lycopersicon pimpinellifolium* durchgeführt. Ziel der Untersuchungen sind einmal das Auffinden von Mutanten, die Kulturmerkmale repräsentieren, zum anderen die Erzeugung von Parallelmutanten und deren genetischer und cytologischer Vergleich mit der entsprechenden Mutante der Kulturform. Zahlreiche Parallelmutanten wurden gefunden und auch die ersten mutativ bedingten Kulturmerkmale (Spindelfestigkeit und Vergrößerung der Früchte) festgestellt (Stubbe).

Untersuchungen über sich variabel manifestierende Merkmale werden mit den Mutanten *transcendens, neohemiradialis* und *lata* von *Antirrhinum majus* durchgeführt. Durch Einkreuzung dieser Mutanten in Wildsippen konnte eine fast völlige Stabilisierung der systematisch wichtigen Merkmale, Reduktion und Vermehrung der Staubblattzahl, erreicht werden (Stubbe).

Die Untersuchungen bei Cucurbitaceen und Mais erstrecken sich auf die systematische Bearbeitung eines großen Weltsortiments und auf Studien über die Vererbung theoretisch und praktisch bedeutsamer Merkmale. Ferner wird über biologische und kulturgeschichtliche Probleme der Genesis einzelner kultivierter Formen dieser Objekte gearbeitet (Grebenščikov). Populationsforschung wird an einigen zoologischen Objekten (*Mammalia, Coleoptera*) durchgeführt (Grebenščikov, Schöneich). Auch an *Arabidopsis thaliana* werden evolutionsgenetische Fragestellungen bearbeitet (Müller).

4. Entwicklungsphysiologisch-genetische, biochemisch-genetische und cytogenetische Untersuchungen an Mutanten

Die entwicklungsphysiologisch-genetische Untersuchung einer Chlorophyllmutante der Kulturtomate (*sulfurea*) hat zur Auffindung der Erscheinung der somatischen Gen-Konversion geführt. Die genetische Analyse der multiplen *sulfurea*-Serie und Kopplungsuntersuchungen werden die weitere Kenntnis dieser Mutante vertiefen. Ferner haben entwicklungsphysiologische Untersuchungen die Beeinflussung der somatischen Konversion zum Ziel (Hagemann).

Im Zusammenhang mit Fragen der plasmatischen Vererbung wird das Vorkommen echter Mischzellen bei *Antirrhinum majus* status *albomaculatus* in den verschiedenen Blattarten und das Vorkommen echter Mischzellen bei einer Scheckung der Tomate untersucht (Hagemann).

Arbeiten über Plastidenentwicklung und Plastidenstruktur bei der Tomate werden mit verschiedenen Methoden durchgeführt (Hagemann, Döbel).

Biochemisch-genetische Untersuchungen betreffen die Biosynthese der Blütenfarbstoffe bei *Antirrhinum* (Böhme, Schmidt) und die Biosynthese der pharmakologisch wichtigen Alkaloide der Tomate unter Verwendung von Mutanten (Stubbe, Schreiber).

Cytogenetische Untersuchungen an Mutanten von *Antirrhinum*, Tomate und Gerste haben zur Aufklärung abweichender Erbgänge geführt (Mechelke, Rieger, Michaelis, Scholz, Gröber).

5. Chromosomenstruktur und Genphysiologie

Studien über die Dynamik der Chromosomenstruktur als Ausdruck genphysiologischer Funktionen werden an den Riesenchromosomen von Dipteren durchgeführt. Die Spezifität der Funktionsstrukturen und des Stoffwechsels wird in verschiedenen Zellen, Geweben und Entwicklungsstadien von *Acricotopus lucidus* untersucht. Ferner soll das Verhalten der Funktionsstrukturen und des Zellstoffwechsels nach Veränderung des karyotischen Milieus durch Mutationen, Veränderungen des außerkaryotischen Milieus durch Injektion verschiedener Plasmen und Zellkerne und durch Veränderung des äußeren Milieus durch Temperatur, Ernährung, Belichtung u. a. geprüft werden (Mechelke, Baudisch, Panitz).

Das Gebäude der Abteilung Systematik und Sortiment

VI. ABTEILUNG SYSTEMATIK UND SORTIMENT

Leiter: Direktor am Institut Prof. Dr. Rudolf Mansfeld †.

Wissenschaftliche Mitarbeiter: Dr. Erich Heinz Benedix, Dr. habil. Siegfried Danert, Dipl.-Biol. Peter Hanelt, Dr. Johannes Helm, Dr. Christian Lehmann, Dipl.-Biol. Jürgen Schultze-Motel, Kurt Wein.

Die Abteilung arbeitet an der Systematik der Blütenpflanzen. Dabei steht im Vordergrund das Problem der Erfassung und systematischen Darstellung der Mannigfaltigkeit der kultivierten Nutzpflanzen und der nächstverwandten Wildpflanzen (die Einbeziehung von Zierpflanzen ist für später vorgesehen). Seitdem 1955 das Institut beauftragt wurde, ein Zentrales Herbarium der Akademie einzurichten, ist die Arbeit auf Wildpflanzen allgemein ausgedehnt

Herbar-Saal (Abt. Systematik u. Sortiment)

worden, vorerst nur auf solche bestimmter Länder und Familien. Bisher ist bei einer Reihe von Kulturpflanzen versucht worden, innerartliche Systemè aufzustellen bzw. vorhandene zu vervollkommnen, zunächst meist im Sinne einer morphologisch-diagnostischen Gliederung; weiterhin werden Systeme angestrebt, die der besonderen Eigenart der Sortenmannigfaltigkeit entsprechen. Zugleich werden Fragen der allgemeinen Systematik (Grundlagen und Methodik) und der Nomenklatur behandelt.

Es wurden bzw. werden bearbeitet: Weizen, Gerste, Hafer, Hirsen (Mansfeld), *Beta, Brassica, Raphanus, Lactuca* (Helm), *Pisum*, Sojabohne, *Phaseolus*, Tomate (Lehmann), Kartoffel, *Petroselinum, Datura*, Mohn, Tabak und Arzneipflanzen (Danert), Gräser (Schultze-Motel), *Carthamus, Lupinus, Vicia* (Hanelt), Pilze (Benedix). Ein „Vorläufiges Verzeichnis landwirtschaftlich oder gärtnerisch kultivierter Pflanzenarten" (außer Zierpflanzen) ist als erste Gesamtübersicht zusammengestellt worden (Die Kulturpflanze, Beiheft II, 1959).

Mit dem Aufbau der für jede Arbeit am System unentbehrlichen Sammlungen von Beleg- und Untersuchungsmaterial (lebend und konserviert) ist schon 1946 begonnen worden. Das Material dazu wird aus dem Sortimentsanbau (s. u.) sowie durch Tausch oder Ankauf gewonnen; seit 1956 konnten auch einige Sammelreisen unternommen werden. Lebende Pflanzen stehen im Sortiment und in Dauerpflanzungen auf dem Institutsgelände zur Verfügung; in den Windschutzstreifen und Hecken ist der Anfang einer Gehölzsammlung entstanden. Die Sammlungen von konserviertem Material umfassen das Herbarium, Sammlungen von Früchten, Fruchtständen, Knollen, Produkten von Nutzpflanzen u. a. sowie eine Samensammlung.

Ob und wie eine Mannigfaltigkeit adäquat systematisch dargestellt werden kann, hängt von der Kenntnis der Merkmale ihrer Elemente und deren Beziehungen untereinander ab. Die Tätigkeit der Abteilung in dieser Hinsicht erstreckt sich auf die Untersuchung morphologischer, anatomischer und entwicklungsgeschichtlicher Merkmale, ökologische Beobachtungen sowie Studien über die Verbreitung und die Geschichte der Kulturpflanzen. Die Kenntnis chemischer, physiologischer, genetischer und cytologischer Merkmale ergibt sich aus Untersuchungen der anderen Abteilungen bzw. in Zusammenarbeit mit ihnen.

Unterabteilung Sortiment

Als Ausgangsmaterial für Untersuchungen an Kulturpflanzen besitzt das Institut im Sortiment eine ständig vergrößerte Sammlung lebender Kulturpflanzensorten, z. T. auch der wilden Stammformen (daneben unterhalten die anderen Abteilungen für Sonderzwecke Sammlungen bestimmter Pflanzengruppen, z. B. die Abteilung Genetik Sammlungen von Mutanten vom *Antirrhinum*, Gerste, Tomaten und ein Mais- und Soja-Sortiment).

Getreide-Block und Isolierparzellen des Kulturpflanzen-Sortimentes (Abt. Systematik u. Sortiment)

Das Kulturpflanzensortiment umfaßte 1946 rund 3500 Arten, Sorten und Landsorten; diese Zahl ist bis zum Juli 1959 auf rund 20000 angestiegen. Die zahlenmäßige Zusammensetzung des Sortimentes nach Nutzungsgruppen ist aus der nebenstehenden Tabelle ersichtlich; bezüglich der Arten- und Sortenmannigfaltigkeit muß auf den alle zwei Jahre erscheinenden Index seminum verwiesen werden. Eine kurze Darstellung des aus den bisherigen Erfahrungen abgeleiteten Verfahrens beim Anbau bzw. der Erhaltung des Sortimentes findet sich in den Institutsmitteilungen (Lehmann und Mansfeld in: Die Kulturpflanze 5 [1957], S. 108–138).

Kulturpflanzensortiment Gatersleben

Bestand an Arten und Sorten

Juli 1960

Getreide und Gräser

Weizen	5581	Hirsen	340
Gerste	2558	Mais	341
Hafer	759	Gräser	546
Roggen	110		
		insgesamt:	10235

Hülsenfruchter

Bohnen	1335	Acker- u. Puffbohnen	202
Erbsen	890	Kichererbsen u. a.	51
Soja	413	Plattererbsen	188
Linsen	147	Wicken	501
Kleeartige u. a.	478	Lupinen	180
		insgesamt:	4385

Gemüse

Kürbisse	237	Tomaten	512
Gurken	153	Salat	116
Melonen	286	Paprika und Eierfrüchte	395
Sonstige Kürbisgewächse	76	Kohl und Sonstiges	1055
		insgesamt:	2830

Technische Pflanzen

Mohn	194	Sonnenblumen	57
Lein	461	Raps u. a. Ölpflanzen	200
Hanf	17	Farbpflanzen und Sonstiges	324
		insgesamt:	1253

Gewürz- und Arzneipflanzen	1201
Tabak	343
Gesamtbestand:	20247

Hierzu kommen 2862 noch zu prüfende Neueingänge.

Die Ergänzung bzw. Erweiterung des Sortimentes geschieht hauptsächlich durch Samentausch mit bekannten botanischen Gärten sowie botanischen, landwirtschaftlichen und gärtnerischen Instituten und mit Züchtern. Zur Zeit besteht Verbindung mit 418 Institutionen in 42 Ländern der Welt. An Züchter und Forschungsinstitute werden Samen auch ohne Tausch abgegeben, auch an Schulen und Hochschulen für Unterrichtszwecke, hier jedoch nur, soweit die Anforderungen nicht zu hoch steigen.

Das Gebäude der Abteilung Physikalische Physiologie

VII. ABTEILUNG PHYSIKALISCHE PHYSIOLOGIE

Leiter (kommissarisch): Dr. Herta Sagromsky.

Freier wissenschaftlicher Mitarbeiter: Prof. Dr. Paul Metzner.

Die physikalisch-physiologische Abteilung hat die Aufgabe, im Rahmen der Problemstellungen des Gesamtinstituts die Wirkung physikalischer Faktoren, z. B. von sichtbarem und unsichtbarem Licht, von Röntgenstrahlen und Ultraschallwellen auf lebende Organismen, insbesondere auf Kulturpflanzen und Mikroorganismen, zu untersuchen.

Das zweigeschossige Gebäude der Abteilung mit seinen architektonisch eigenartigen Fensterwänden wurde nach Entwürfen von Prof. Miller, Hochschule für Baukunst, Weimar, als erstes der wissenschaftlichen Laboratorien 1949/50 erbaut und im Jahre 1952 durch einen speziell für Strahlenforschungen bestimmten eingeschossigen Flügel erweitert. Ihm sind vier Gewächshäuser für die Anzucht des Versuchsmaterials angeschlossen.

Im Vordergrund der Arbeiten der Abteilung stand bisher die Erforschung der Grundlagen der physiologischen Wirkung von Röntgenstrahlen, wozu Röntgenanlagen verschiedener Art und Leistung sowie eine speziell dafür entwickelte Fernsehanlage aufgestellt sind (Metzner).

Daneben wurden Saatgut und anderes Pflanzenmaterial der anderen Abteilungen des Institutes zur Gewinnung von Mutationen mit unserer größten Anlage (Betriebsdaten: maximal 200000 Volt, 4 kW) bestrahlt, es wurden auch Bestrahlungen für Institute der Akademie der Landwirtschaftswissenschaften durchgeführt.

Auch ultraviolettes Licht kam für die Auslösung von Mutationen in Anwendung. Der wirksame Wellenlängenbereich konnte für einige Mikroorganismen festgelegt werden (Metzner).

In anderen Arbeiten wurde die Bedeutung des sichtbaren Lichtes für die Entstehung tagesperiodischer Reaktionen beim Wachstum und der Entwicklung verschiedener Mikroorganismen geprüft, ferner die Rolle der Pigmente beim Wachstum, bei der Entwicklung und der Photosynthese untersucht (Sagromsky), daneben spezielle Beobachtungen zur photobiologischen Bedeutung des Hyperizins unternommen (Metzner).

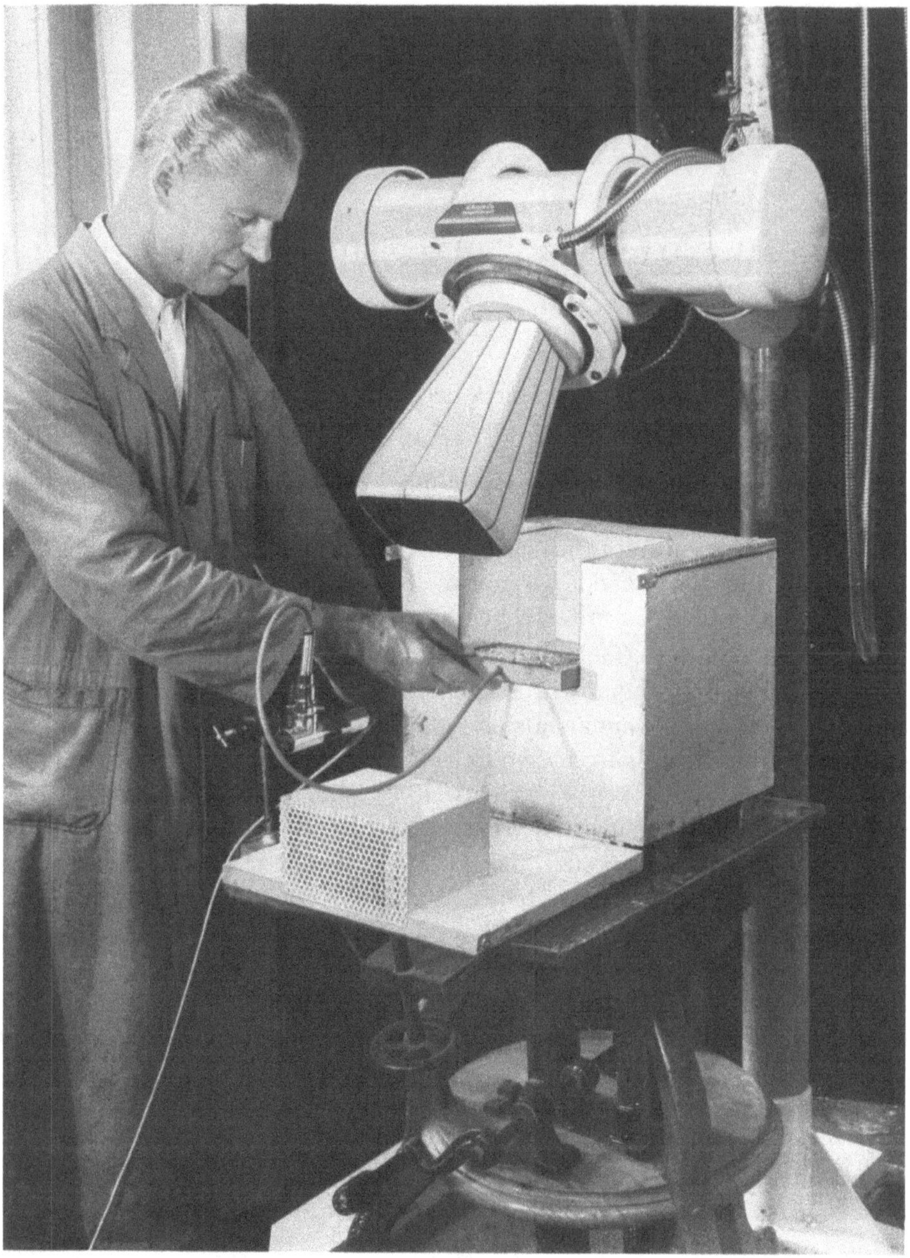

Röntgenbestrahlung von Saatgut zur Erzeugung von Mutationen (Abt. Physikalische Physiologie)

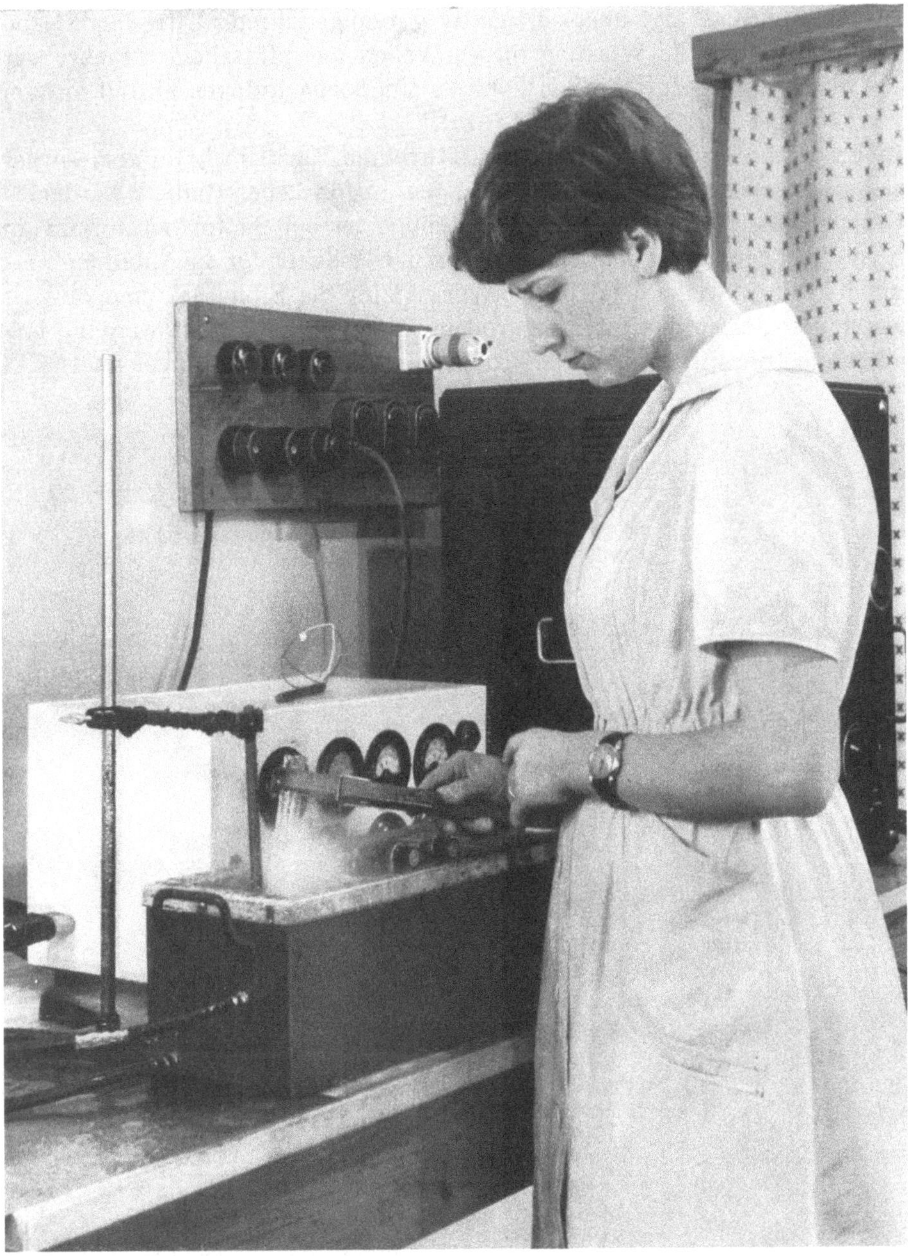

Arbeiten im Ultraschall-Laboratorium (Abt. Physikalische Physiologie)

Die Abteilung verfügt über ein relativ gut eingerichtetes Ultraschall-Laboratorium, in dem die Wirkung dieser Wellen auf pflanzliche Objekte verschiedenster Art geprüft werden kann; auch Beobachtungen an mikroskopischem Material sind möglich (Metzner).

In Zukunft sollen die Arbeiten mit sichtbarem Licht mehr in den Vordergrund treten, vor allem Pigmentwirkungen ausführlicher studiert werden.

Der physikalisch-physiologischen Abteilung ist ein Photolaboratorium angegliedert, in dem außer den photographischen Arbeiten für die Abteilung auch Reproduktionen wissenschaftlicher Arbeiten für die Bibliothek und die Mitarbeiter des Gesamtinstitutes in großem Umfange hergestellt werden. Hier werden auch die Filme für die Mikrobücherei des Institutes angefertigt.

Innenhof der Abteilung Chemische Physiologie

VIII. ABTEILUNG CHEMISCHE PHYSIOLOGIE

Leiter (kommissarisch): Prof. Dr. Alfred Rieth.

Wissenschaftliche Mitarbeiter: Dozent Dr. habil. Hilmar Friedrich, Dr. Otto Machold, Prof. Dr. Konrad Ramshorn, Dr. Anneliese Romeike, Dipl.-Chem. Horst Schmidt, Dr. Günter Scholz.

In der Abteilung werden wissenschaftliche Probleme bearbeitet, die im Rahmen des Generalthemas des Instituts mit dem Stoffumsatz vor allem der Kulturpflanzen verbunden sind. Mit der Klärung der Stoffwechselmechanismen und der kausalen Zusammenhänge typischer Lebensvorgänge ist daher bei diesen Arbeiten das Studium der Biosynthese und des Stoffwechsels wichtiger Naturstoffe, energieliefernder Vorgänge sowie des Abbaues und Umsatzes primärer und sekundärer Pflanzenstoffe aufs engste verknüpft.

Seit dem Bestehen der Abteilung erfolgte die Bearbeitung der Probleme, die sich z. T. aus dem im Institut vorhandenen Sortiment oder im Zusammenhang mit den Aufgaben der anderen Abteilungen und aus allgemeineren Perspektiven ergaben, in vielseitiger Weise. Schwerpunkte stellten dabei die Erforschung des pflanzlichen Eiweiß- und Stickstoffhaushaltes, der Biologie der Alkaloide bei verschiedenen Pflanzenfamilien und des Mutterkornes, ernährungs- und entwicklungsphysiologische Studien an isolierten bewurzelten Blättern, der Biosynthese und des Umsatzes der Polyphenole, des Säurestoffwechsels, der besonderen chemischen Funktionen der Pflanzenwurzel u. a. dar, zu deren erfolgreicher Durchführung es der Entwicklung einer modernen methodischen Analytik bedurfte. Dazu war u. a. die Errichtung eines besonderen Gebäudes für Isotopenlaboratorien notwendig; mit dem Bau wurde 1958 begonnen.

Zur Zeit befassen sich die verschiedenen Arbeitskreise der Abteilung mit folgenden mehr oder weniger speziellen Problemen:

Verfolgung der Physiologie und Biogenese der Tropanalkaloide unter besonderer Berücksichtigung der Sproß-Wurzelbeziehungen, die bei der Entwicklung der Alkaloide in der Pflanze eine besondere Rolle spielen, mit Hilfe von Pfropfungsexperimenten (Romeike). Es konnte gezeigt werden, daß neben der die Tropanalkaloide bildenden Wurzel der Sproß auf die Entstehung des Alkaloidspektrums entscheidenden Einfluß nimmt. *Datura ferox* wandelt in den

oberirdischen Organen Hyoscyamin in Scopolamin um, das in seiner Gesamtheit dort entsteht; Hyoscyamin ist seine Vorstufe. Zur Zeit laufende Kreuzungsexperimente haben die Gewinnung einer scopolaminreichen Datura zum Ziel, die für die industrielle Verarbeitung eine ausgezeichnete Quelle zur Anreicherung des wirtschaftlich sehr wichtigen Alkaloids ergeben dürfte. Gemeinsam mit Fodor, Budapest, sind Untersuchungen im Gange, um den Biosyntheseweg des Scopolamins zu klären.

An verschiedenen Arzneipflanzen wurde die analytische Erfassung der einfachen Phenole (Gallotannin, Gallussäure, Hydrochinon) und aus ihnen abgeleiteter Verbindungen entwickelt und ihr Vorkommen, ihre physiologische Bedeutung und Chemie studiert (Friedrich). Dabei stand die Erforschung der stofflichen Zusammenhänge, ihre Biosynthese und deren Stufen im Vordergrund des Interesses. An Aspergillus niger wurde andererseits der Ablauf des Abbaues von Phenolen (Hydrochinon, Resorcin) verfolgt. In diese Untersuchungen werden nunmehr auch komplizierter gebaute Phenole (Flavonoide, Anthrachinon, Chromone) einbezogen. Dabei sollen besonders die biogenetischen Zusammenhänge zwischen nebeneinander auftretenden und chemisch eng miteinander verwandten Stoffen untersucht werden. Die Arbeiten erstrecken sich besonders auf Arzneipflanzen, in denen die erwähnten Stoffe entweder als Hauptwirkstoffe oder als an der Arzneiwirkung beteiligte Prinzipien angesehen werden müssen.

Die Biosynthese der Blütenfarbstoffe, insbesondere der verbreiteten Anthocyane und Flavone, wird im Zusammenhang mit Problemen der genetischen Abteilung an Mutanten von *Antirrhinum majus* untersucht, die sich phänotypisch in der Pigmentierung deutlich unterscheiden. Die Erforschung der Biogenese wird unter Verwendung papierchromatographischer und absorptionsspektro-photometrischer Technik durchgeführt (Schmidt).

Die bedeutungsvolle physiologische Rolle der Spurenelemente wird am Beispiel des Bors über Experimente an Blattstecklingen von *Nicotiana rustica* und *Lycopersicon esculentum* sowie an Wurzelspitzen von Bohnenkeimpflanzen geprüft (Scholz). Es konnte nachgewiesen werden, daß Bormangel auf die Alkaloidsynthese und den Stickstoff-Stoffwechsel in *Nicotiana*-Wurzeln hemmend eingreift. Die Kohlenhydrattranslokation von der Blattspreite zur Wurzel wird irreversibel unterbunden. Bor wird im Blatt angereichert und kann, wie an Blattstecklingen mit getrennten Wurzelhälften gezeigt werden konnte, nicht von der einen Wurzelhälfte über das Blatt in die andere übergeführt werden. Der Befund, daß die Atmung von Wurzelspitzen durch Bormangel herabgesetzt wird, leitet zu allgemeinen Untersuchungen der kausalen Zusammenhänge dieser Wirkung und der bedeutsamen Frage nach der primären Wirkung des Bors im pflanzlichen Stoffwechsel über.

Zusatz-Belichtungsanlage (Abt. Chemische Physiologie)

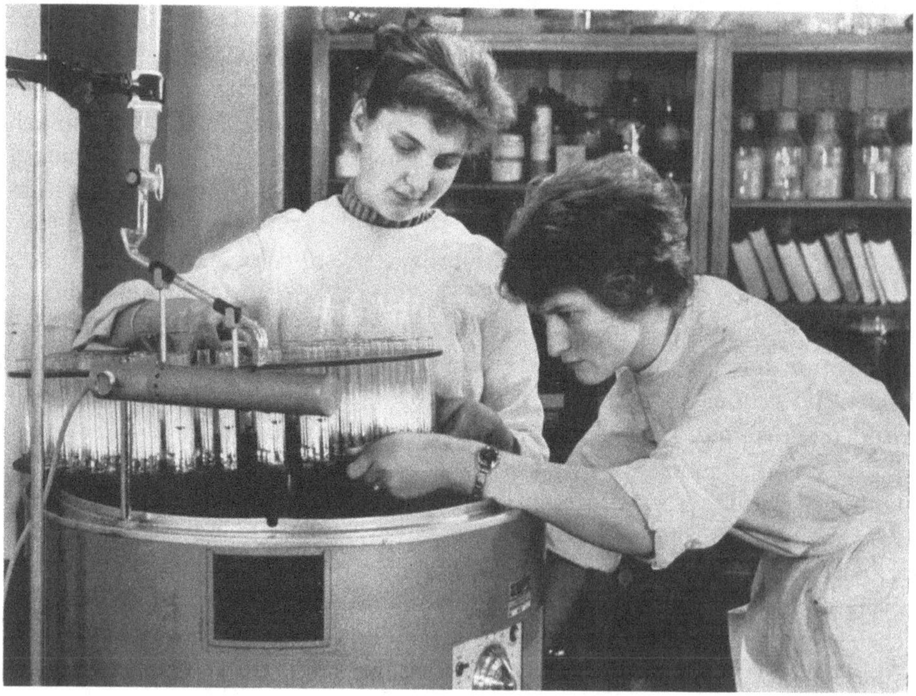

Arbeiten am Fraktionssammler (Abt. Chemische Physiologie)

Im Isotopenlaboratorium werden Fragen der Nährstoffaufmahne aus dem Boden bearbeitet (Machold). Da es den Anschein hat, daß für die Aufnahme weniger die in Lösung befindliche Nährstoffmenge als vielmehr das Nachlieferungsvermögen des Bodens und seiner chemischen Verbindungen entscheidend ist, wird die Dynamik der Ionen an einer Reihe von reinen Phosphaten und an sorbierten Phosphationen mit Hilfe radioaktiver Isotope untersucht werden. Dabei dient als Kriterium die Austauschgeschwindigkeit und Austauschgröße gegen Ionen der gleichen Art oder gegen andere Ionen. Darüber hinaus werden Arbeiten über den Einfluß geringer Strahlendosen auf Wachstum und Ertrag landwirtschaftlicher Kulturpflanzen fortgesetzt.

Ein weiterer Arbeitskreis beschäftigt sich mit Untersuchungen zur Systematik, Entwicklungsgeschichte, Kultur und Entwicklungsphysiologie von Kryptogamen. Es soll damit zur Kenntnis von Süßwasser und Erde bewohnenden Algen sowie algenparasitären und bodenbewohnenden Phycomyceten beigetragen werden. Die Klärung der Verbreitung dieser Organismen sowie der Zusammensetzung ihrer Lebensgemeinschaften im Erdboden und in Gewässern, auch in temporären Kleingewässern, ist für die Beurteilung der Standorte von Bedeutung. Soweit die Untersuchungen Gewässer betreffen, besteht eine enge Zusammenarbeit mit der Forschungsstelle für Limnologie der

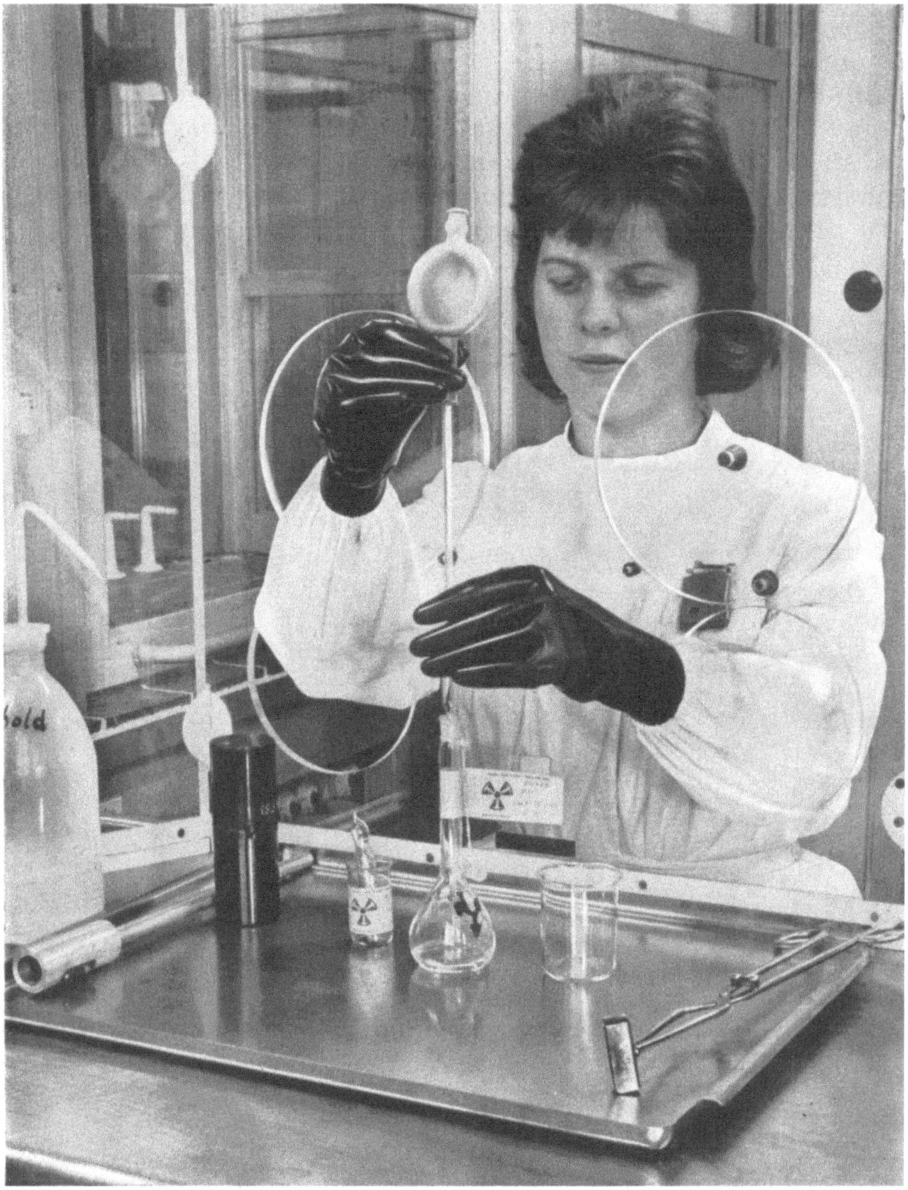

Beim Umfüllen einer radioaktiven Lösung (Abt. Chemische Physiologie)

DAdW, deren botanische Arbeitsgruppe das Institut zur Zeit gastweise beherbergt (Rieth).

Die Physiologie der pflanzlichen Atmung und des Wachstums wird an mehreren Kulturpflanzen untersucht und wird zur Kenntnis des Grundstoffwechsels der höheren Pflanze über Analysen des Gasumsatzes und des Kohlenhydratstoffwechsels von Wurzeln beigetragen (Ramshorn). Nach dem sich gezeigt hat, daß die Natur des Atmungssubstrates aber den Ablauf von oxy-

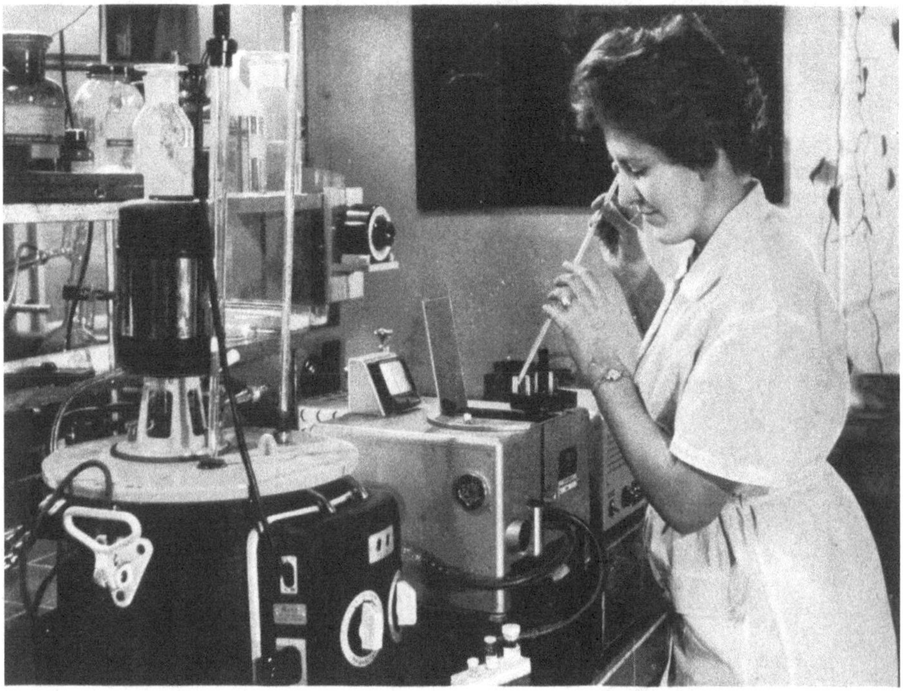

Quantitative Bestimmung von Pflanzenstoffen mittels der enzymatischen Methode am Elektrophotometer (Abt. Chemische Physiologie)

dativer Atmung und partieller Gärung im Wurzelmeristem entscheidet, wird insbesondere der Ablauf des aeroben Zuckerumsatzes in seinen ersten Phasen über Analysen der Stoffwechselkomponenten der Glykolyse und des Gaswechsels verfolgt, deren Teilschritte anschließend mit Hilfe der Isotopentechnik erfaßt werden sollen. Gleichzeitig wird die kausale Verknüpfung des Kohlenhydratumsatzes mit dem Streckungswachstum bei Wurzeln untersucht. Der Bedeutung des Wuchsstoffes für diese Stoffwechselvorgänge soll in besonderen Untersuchungen mit Hilfe von radioaktiven Isotopen und unter Verwendung einer hier besonders entwickelten Analyse von β-Indolylessigsäure (Oscillopolarographie) nachgegangen werden.

Auslesebaum. Stieleiche (*Quercus robur*). Elbaue b. Dessau
(Abt. Forstpflanzenforschung)

IX. ABTEILUNG FORSTPFLANZENFORSCHUNG

Forstl. Leiter: Oberforstmeister Kurt Wuttky.

Wissenschaftl. Mitarbeiter: Dr. Karl Berger, Dipl.-Forstwirt Frithjof Weiser.

Forstl. Mitarbeiter: Oberförster Fritz Kube, Forsting. Hans Matthes.

Am 1. 4. 1952 wurden zunächst unter Leitung des Institutsdirektors Prof. Dr. Stubbe die ersten Arbeiten der Abteilung Forstpflanzenforschung mit einer Vorauslese, Registrierung und Kartierung von Waldbäumen für Forschungszwecke aufgenommen. Die Personalbesetzung wurde von 1956 an erweitert.

Die Abteilung hat die Aufgabe, die der forstlichen Kultur unterliegenden Waldbäume und die Straucharten der Problemstellung des Gesamtinstituts entsprechend zu bearbeiten. Ihre Aufgaben liegen dabei auf dem Gebiet der Grundlagenforschung zur Forstpflanzenzüchtung und der Baumrassenforschung.

In Analogie zur Sammlung und Haltung des großen Kulturpflanzensortiments im Institut kommt der Auslese von züchterisch und zur Grundlagenforschung wertvollen Waldbäumen und deren Sicherstellung vor der forstlichen Abnutzung besondere Bedeutung zu. Demzufolge wird die Auslese eines umfangreichen Materials auf tunlichst breiter standörtlicher Grundlage durchgeführt. Den Zucht- und Forschungszielen entsprechend werden danach Phänotypen mit (nach Massenleistung, Qualität und Resistenz) positiven oder solchen Eigenschaften ausgewählt, die zur Klärung spezieller Fragen geeignet erscheinen. Autochthone, selten gewordene oder vom Verlust bedrohte Herkünfte werden vordringlich behandelt. Spezifische, nach Klima und Boden auch extreme Standorte und geographisch weit voneinander entfernte Örtlichkeiten werden ihrer Bedeutung entsprechend einbezogen. Diesem Zweck dienen in den letzten Jahren in Angriff genommene und fortzusetzende Forschungs- und Sammelreisen in den östlichen und südöstlichen Raum (Volksrepubliken Polen, Rumänien, Jugoslawien).

Die Auslesebäume werden unter Festlegung ihrer Phänotypen, des Standorts nach Klima und Boden sowie nach ihrer soziologischen Stellung in den Waldbeständen und mit der bestandesgeschichtlichen Entwicklung registriert, um Ergebnisse bei der Auswertung dieses Materials auch bei der Langfristigkeit forstlicher Versuche sicherzustellen. Bei den in einzelne Versuche einbezogenen Waldbäumen werden phänologische Beobachtungen durchgeführt. Solche Auslesebäume sollen im Herbarium des Instituts vertreten sein. Die Abteilung hat vorerst die bisher wenig bearbeiteten Gattungen *Fraxinus, Tilia, Carpinus, Acer, Prunus, Pyrus, Malus* und *Sorbus* behandelt, wozu sich anfänglich der 5 km nördlich von Gatersleben gelegene, dem Institut für Versuche zur Verfügung stehende ca. 1300 ha große und weitgehend ursprüngliche Mischwald des Hakels besonders anbot. Hier wirkt die Abteilung auch bei waldbaulichen Fragen zur Verjüngung und Erhaltung des vielseitigen Baum- und Strauchbestandes mit (Wuttky, Matthes).

In der Züchtungsforschung werden zur Erkenntnis des Erbwertes einzelner Auslesebäume Nachkommenschafts- und Klonprüfungen durchgeführt. Die Anlage von Kreuzungsplantagen dient dem gleichen Zweck. – Der Fortbestand wertvoller, vom Verlust bedrohter Herkünfte wird durch Absaaten und Erhaltungsplantagen gesichert. Kleinere Anbauversuche laufen zur Schaffung von Grundlagen für die Technik der Aufzucht, über Eignung und Wert ausländischer Holzarten (z. B. *Metasequoia glyptostroboides* und *Pinus koraiensis*). – Die zunächst im Versuchsfeld des Instituts durchgeführten Nachkommenschafts- und Klonprüfungen sind in langfristigen Anbauversuchen im Walde fortzusetzen (Wuttky, Kube).

Ein Hauptanliegen der Abteilung ist die Untersuchung von Baumrassen bei bisher wenig bearbeiteten Laubhölzern, bei denen die Herkunftsfrage des Saat- und Pflanzgutes zufolge der vielfach, aber nicht ausschließlich angewandten natürlichen Verjüngung der Laubholzbestände weitgehend vernachlässigt wurde. Über die Ausbildung und die Eigenschaften von Klima- und Bodenrassen der Baumarten bestehen offene Fragen, deren Klärung wirtschaftlich von Bedeutung ist. Hierbei ist, abgesehen von der rassischen Aufspaltung durch großklimatische Wirkungen in weiten Räumen die Frage nach solchen Differenzierungen in relativ begrenzten Gebieten – bedingt durch Boden und Kleinklima – beim bisherigen Fehlen schlüssiger Beweise zu untersuchen.

In diesem Zusammenhang laufen Untersuchungen an *Fraxinus excelsior* unter Einbeziehung von Waldbeständen im süddeutschen Raum, die den zu stellenden Versuchsbedingungen entsprechen. Hierzu wurden autochthone Eschenherkünfte von Standorten verwendet, die eine starke Differenzierung der Böden, vor allem hinsichtlich Grundgestein, Bodenart, Wasserhaushalt und Kalkgehalt aufweisen. Neben Absaaten wird eine größere Anzahl von Klonen der Herkunftsgebiete im Versuchsgelände des Instituts phänologisch, unter Feststellung des Wachstumsgangs und der Wachstumsleistung sowie blattmorphologisch und -anatomisch untersucht. Darüber hinaus findet der Versuch seine Fortsetzung durch Begründung eines wechselseitigen Vergleichsanbaus im Walde sowie in Versuchsflächen im Institutsgelände. Ein Gefäßversuch mit differenzierten Kalk- und Wassergaben dient der Aufklärung des

Ernte von Pfropfreisern an Vogelkirsche (*Prunus avium*) für Verklonungen. Alter 90 Jahre, Höhe 28 m, Durchmesser in 1,3 m Höhe 49 cm (Abt. Forstpflanzenforschung)

Wirkens der beim vorliegenden Problem vermutlich eine Hauptrolle spielenden Faktoren Wasser und Kalk (Weiser).

Die Frage der Existenz von zonal begrenzten Klimarassen wird z. Z. an dem Beispiel von *Sorbus aucuparia* für einige Mittelgebirgsherkünfte untersucht.

An einer unter einheitlichen Bedingungen erwachsenen älteren Population von *Prunus avium* var. *avium* holländischer Herkunft werden individuelle Unterschiede im Phänotypus und in den Jahrringfolgen erfaßt und das Verhalten der Merkmale nach gelenkten Kreuzungen in Nachkommenschaftsprüfungen beobachtet. In dieses Kreuzungsprogramm sind eine kaukasische Provenienz und einige Mittelgebirgsherkünfte einbezogen.

Weiterhin werden die Interfertilitätsverhältnisse der Population holländischer Herkunft durch Kreuzung untersucht (Berger).

In der Baumrassenforschung sind in der Weiterentwicklung verstärkt *Quercus petraea* und *Quercus robur* einzubeziehen sowie *Tilia, Carpinus, Acer* in leistungsfähigen Herkünften aus Polen bzw. dem südöstlichen Raum. Die Frage der Geradschaftigkeit ist generell für eine Reihe von Holzarten zu prüfen. Unter Anwendung von physiologischen Untersuchungsmethoden sind Einzeleigenschaften der Auslesebäume aufzuklären

Die Verbesserung der Pfropftechnik, insbesondere bei bisher vegetativ schwer vermehrbaren Baumarten, und die Schaffung einkloniger Unterlagen sind ständig weiterzuverfolgen.

Die Erweiterung der ersten Laboratoriumseinrichtungen erfolgt laufend, bezüglich der Gewächshäuser mit dem Ziel, die Möglichkeiten zur vegetativen Vermehrung und für Gefäßversuche zu verstärken.

Die Technik für unfallsicheres Arbeiten in Baumkronen bei zeitsparendem Aufbau auch in geschlossenen Waldbeständen wurde in den vergangenen Jahren unter Verwendung leichter Gerüstkonstruktionen in spezieller Richtung entwickelt und wird laufend weiter vervollkommnet.

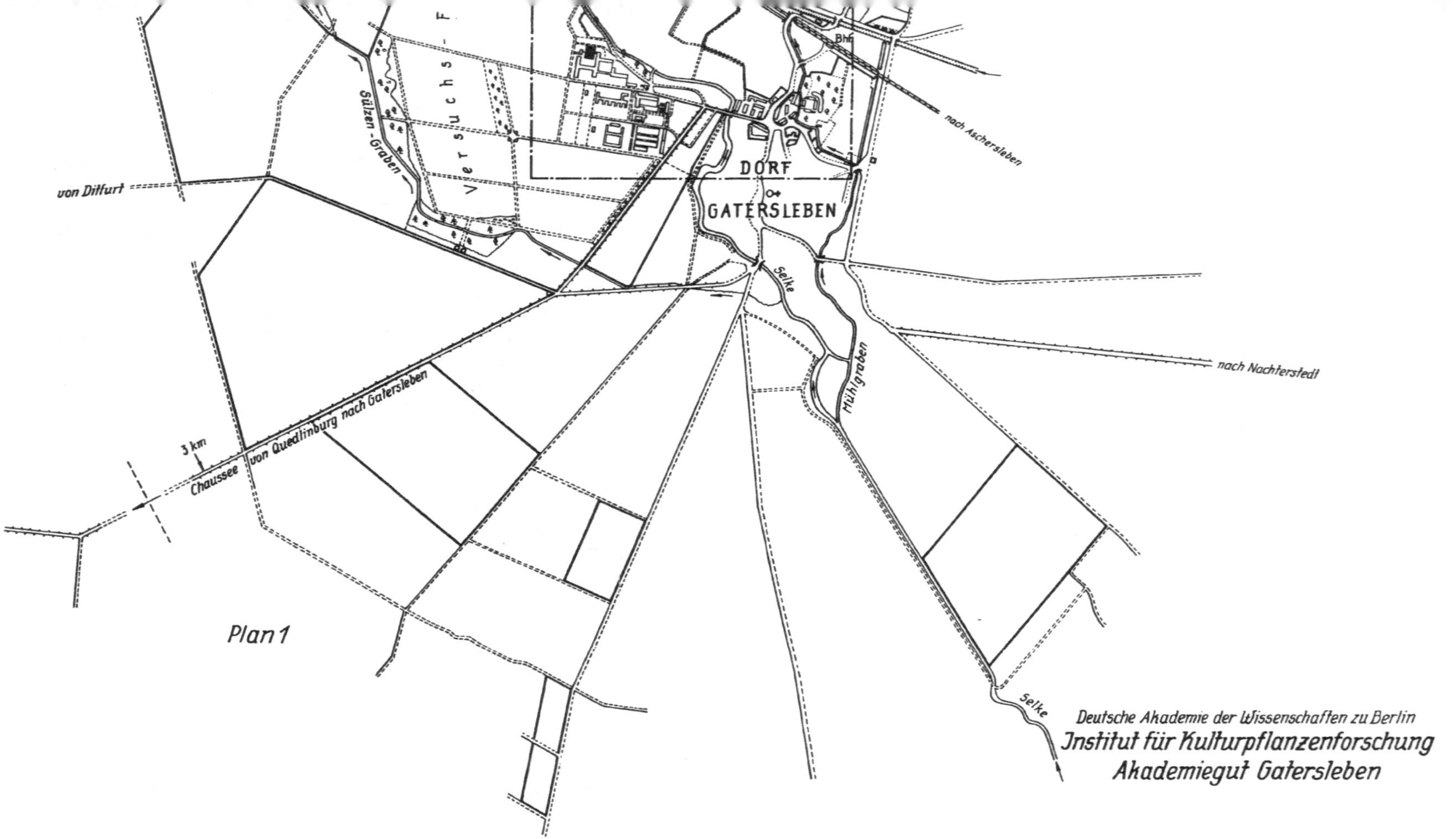

Plan 1

Deutsche Akademie der Wissenschaften zu Berlin
Jnstitut für Kulturpflanzenforschung
Akademiegut Gatersleben

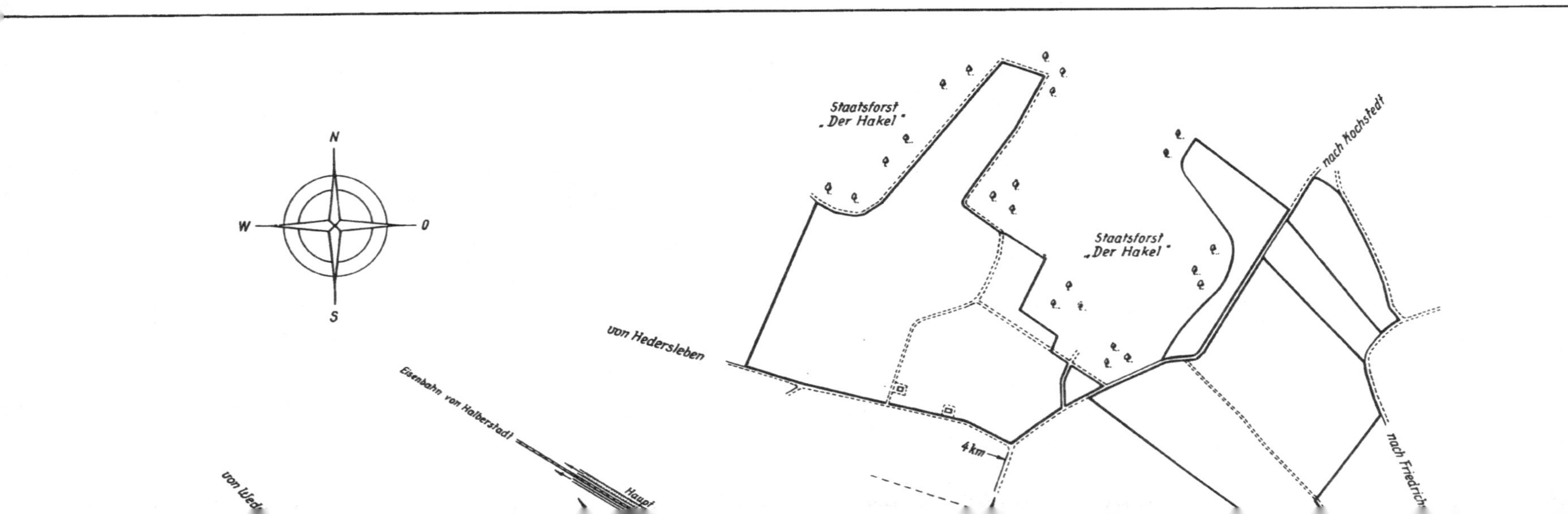
N
W
O
S
Staatsforst
„Der Hakel"
Staatsforst
„Der Hakel"
nach Kochstedt
von Hedersleben
Eisenbahn von Halberstadt
4 km

N
W
O
S
Selke
1
2
3
4a
6
6
6
7
9
9

Deutsche Akademie der Wissenschaften zu Berlin

stitut für Kulturpflanzenforschung Gatersleben

Nach 1945 entstandene Institutsanlagen			1945 vorhandene Gutsgebäude	
lg. Genetik und Cytologie	5	Abtlg. Physikalische Physiologie	10	Oberhof
liothek	6	Abtlg. Versuchsfeld und Zuchtgärten	10a	Abtlg. Forstpflanzenforschung ; Verwaltung
lg. Systematik und Sortiment	7	Werkstätten	10b	Imkerei
lg. Chemische Physiologie	8	Bauhof	11-14	Abtlg. Landwirtschaft , 11 Unterhof
topenlaboratorium	9	Wohnsiedlungen	12	Maschinenhof
			13	Schäferei (a nach 1945 gebaut)
lante Bauten			14	Schweinezuchtanlage (1951 gebaut)

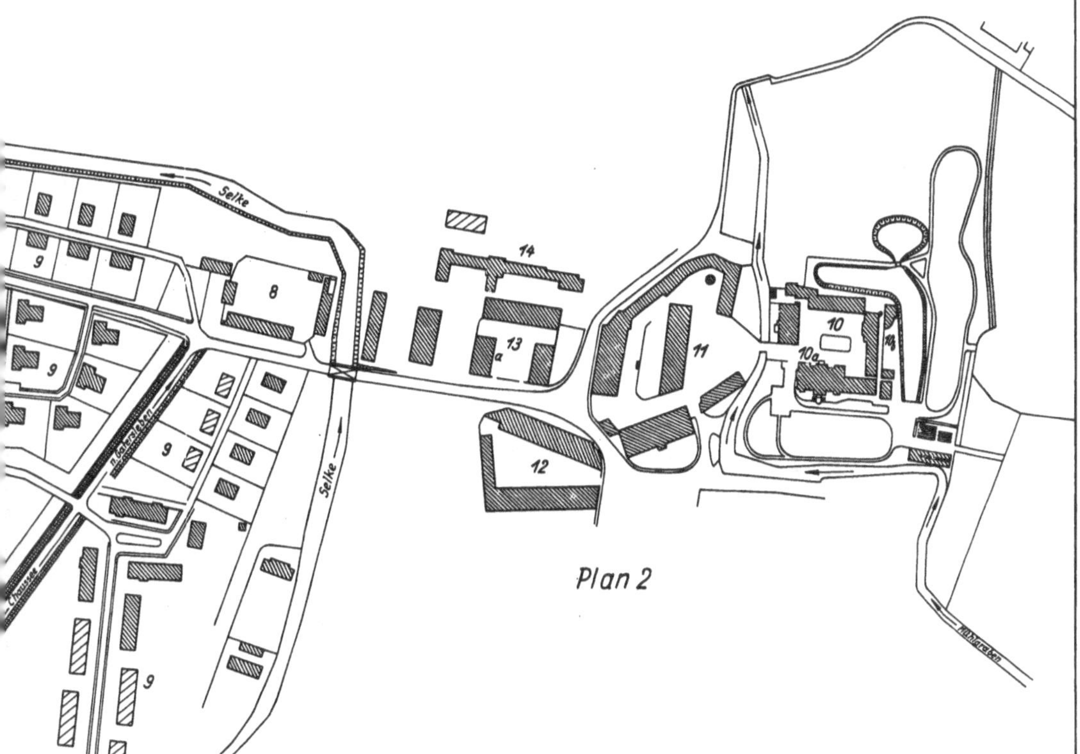

FSC
www.fsc.org
MIX
Papier | Fördert
gute Waldnutzung
FSC® C083411

Zeitfracht Medien GmbH
Ferdinand-Jühlke-Straße 7
99095 Erfurt, Deutschland
produktsicherheit@kolibri360.de